謹以此書獻給

我的爸爸、媽媽、妹妹、太太、女兒、兄弟

走過高山低谷

憑着愛有您們同行

開餐廳賺錢有方法

60天
打造人氣主題餐廳

推薦序——
馮南山 Paxson Fung

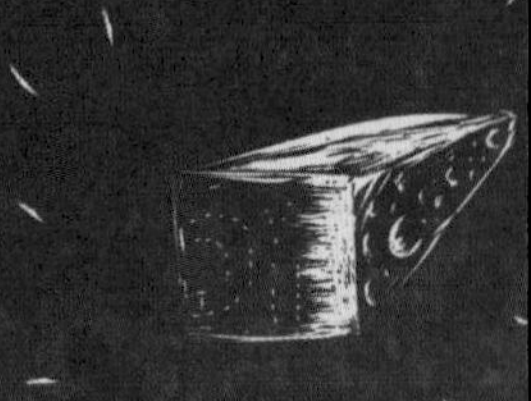

餐飲品牌成功有秘訣

為什麼餐飲上市公司越來越多？

餐飲很賺錢是真的嗎？

為什麼你的朋友說餐飲很難做？

原來開餐廳賺錢是有秘訣的！

創業是很多人的夢想，它具有挑戰性，因為由熱情開始，我們為夢想而向着目標進發，花了金錢及勞力總是想得到美好的成果。

在商場內我們看到很多出色的生意人，但殘酷的事實是失敗的人遠遠比成功的人數多，所以由上班一族走入創業圈，建議你要先做足功課，或者找專業的人士幫忙，因為成功的生意很多時都源自正確的方法、人際關係及創建共贏的生態圈。

想投身餐飲業的朋友，這本書是行內人的著作，內容建基於事實，要賺錢除了你的勇氣及足夠的資金，為免走冤枉路，務必留意筆者的詳細建議，一步一步由夢想到成功創業。

馮南山 Paxson Fung
亞洲企業聯合會 會長
註冊會計師 CityLinkers

推薦序——
羅文生 Roman Law

Franco 實現了我們的約定

古語說：「授人以魚，不如授人以漁。」「授人以魚」只救一時之急，「授人以漁」則一生受用。我一向欣賞創業人士的幹勁與衝勁，對於誠心協助創業人士達成夢想的前輩及專家達人，更是肅然起敬。

出身毛衣生產世家的李家聲先生（Franco），在一次台灣之旅，發現當地 Café 餐廳成行成市，打聽之下，得知原來當地大部分餐廳都由特許經營的商業模式孕育出來，深感特許經營業務商機無限，遂於 2009 年成立亞洲餐飲策劃（Food Channels）。由品牌戰略開始，就餐廳設計、流程培訓及管理、市場策劃等，提供一條龍特許經營開店及投資顧問服務，協助有意創業人士打造「夢想的主題餐廳」。現時 Food Channels 已在香港及中國內地開創了 200 多個餐飲品牌項目。

我在籌備創業推廣活動時有幸認識了 Franco，深感他在飲食業的創業經驗及熱誠，可以成為不少有志創業人士的「武林秘笈」，斗膽建議他將建立及營運主題餐廳的心得集結成書，以饗讀者。難得 Franco 本着「授人以魚，不如授人以漁」的大愛，即時答應。今天，本書終於出版，Franco 將自己的創業體會及營商要訣透過本書與大眾分享。

創業可以有不同模式，特許經營是其中一種。特許經營模式就如創業路線圖，加盟者可依照一套既有的成功方程式入門創業，少走冤枉路。經營一間餐廳的步驟繁多，包括店鋪勘查、報價、主題策劃、餐飲牌照、廚房用品訂製、收銀系統、服務流程及餐廳的推廣服務等，一般人可能需要花 3 個月、甚至 1 年時間處理。相反，透過特許經營方式，節省時間之餘，也大大減低創業人士的風險及增加成功機會。

Franco 是特許經營方面的專家，他將在本書以扼要及輕鬆的筆法，講解如何用60天，甚至更短時間，打造一間「人氣主題餐廳」！本書滿載「接地氣」的營商智慧，實用性強，值得大家珍讀。

羅文生 Roman Law

香港貿發局創業日 及
香港國際特許經營展等活動的負責人之一

自序

實戰開餐廳，與你同行！

創業是很多人的夢想，餐飲也是一個熱門的行業，由小食店到主題餐廳，百花齊放，但是我看到更多的是輸錢的例子，他們花了半生的儲蓄，原因不是不夠勤力，而是用錯了方法。

很多人將開餐廳視為第二人生，以為自己可以邊做邊學，更相信天道酬勤，總有出頭天。可惜在這個人工高、租金貴的年代，未夠 1 年就變成孤身無助、進退不能，資金用盡後走上結業大道。看到這個情況，我決心向想開餐廳的朋友提供意見，寫這本《60 天打造人氣主題餐廳》。

這本書是集結我和團隊在香港及中國完成超過 200 個餐飲項目的成功經驗，以實戰的應用為核心，同時感謝香港貿易發展局的支持，加入研究很多餐飲行家的真實個案。本書的內容以簡易的方法說明開一間餐廳的流程及重點，目標為大家開創一盤賺錢的生意，藉此提升餐飲業的文化及經營智慧。

目錄 Contents

CHAPTER 1 第一章

開餐廳必知
餐飲業 10 大新趨勢

香港被譽為「美食天堂」，飲食業蓬勃。

壽司曾因和風襲港而大受市民歡迎。

眾所周知，香港有「美食天堂」的美譽，不同國家以至不同特色的美食都能在香港輕易找到。根據 2014 年的政府統計，香港有 16,683 家餐廳，競爭激烈。要在這樣的環境下開一家受歡迎的餐廳，確實不是一件易事。不少店主絞盡腦汁，跟隨潮流，推出各式各樣的創新菜式，才能成功從眾多餐廳中脫穎而出。同一時間，亦有不少餐廳因不懂變通，被潮流所淘汰。雖然餐飲業競爭激烈，但是 **2015 年食肆總收益卻高達 1,044 億元**，比 2014 年上升了 3.9%，並預期 2016 至 2022 年間每年將有不少於 4% 的增長。可見，餐廳若能掌握潮流趨勢，仍然能夠在這龐大收益中分一杯羹。

將短暫的熱潮變成長遠的商機，是避免被潮流淘汰的關鍵。數年前的日本風令拉麵店迅速崛起，各餐廳除了爭相在食物名稱前加上「和風」二字外，亦紛紛聘請日本廚師助陣吸客。和風熱潮下，不少日式餐廳賺到豐厚利潤。但是，短暫的利潤使店主忽略改良菜式和提高服務質素的重要性，數年後的今天，經營不善和味道欠佳的和風餐廳已跟隨熱潮的流逝，在飲食界消失。

因此，餐廳不僅要**把握潮流趨勢**，亦要**不斷改良創新**和**提高服務質素**，才能歷久而不衰。

1 把握外來文化帶來的商機

作為國際大都會，**香港容納多元文化**，市民的口味往往會跟隨某種文化的興起而改變。正如韓流襲港時，人人追捧韓劇、韓星、韓食。韓式餐廳亦自然在香港應運而生，隨着風潮迅速崛起，吸引眾多韓迷光顧。由此可見，外來文化確實為餐飲業帶來不少商機，創業者應要時刻留意文化的趨勢，從而把握商機，發展為事業。

韓劇《來自星星的你》經常出現酥脆惹味的韓式炸雞。

2 創業者的另一個選擇：特許經營

特許經營指的是總部將品牌的使用權、產品、營運技術和開店經驗提供給加盟商使用，令加盟商可以短期內以低風險的模式發展自己的事業。特別是對於那些毫無餐飲經驗的創業者，特許經營能夠幫助他們迅速打造一間人氣餐廳。可見，特許經營有其獨特優勝之處，無論現在抑或未來，都會是餐飲業人士開店的主流模式之一。在外國餐飲行業，特許經營十分普及，不少跨國連鎖品牌如 KFC、Subway、Pizza Hut 等，均採用特許經營的方式發展自己的品牌。而在香港，這種經營手法的發展雖不及美國或台灣，但過去 10 年已漸趨成熟，成功發展出自己一套的體系，令創業者在開餐廳時有多一個選擇。

Pizza Hut 和 KFC 透過特許經營，躋身全球前五位餐飲品牌。

3 為食客帶來難忘的用餐經驗：主題餐廳

近年，香港人對於餐廳的要求不再局限於食物和服務質素，**餐廳的環境和氣氛亦同樣看重**。選擇一間設計獨特而富有特色的餐廳，與三五知己享受美食，已成為港人追捧的「潮」食方式之一。而**主題餐廳的興起**亦正好迎合消費者在這方面的需求。不少能為食客帶來難忘用餐體驗的主題餐廳，例如 New York Diner、Hello Kitty Café、薯蛋頭先生主題 Café 等，都大受歡迎，成功在餐飲市場立足。

位於荃灣荃新天地的 New York Diner 以自由神像的壁畫打造出美式風格。

4 掌握港人愛「快」的習慣：快餐店

針對**香港人愛「快」的飲食特性**，多間跨國快餐店進駐香港，提供各式各樣的快餐，有價廉物美亦有特色貴價，成功俘虜一眾工作忙碌的上班貴族。本地快餐店亦不甘示弱，擴展規模以爭奪市場。根據政府統計處統計，2016 年全港快餐店的總收入較 2015 年上升了 6.71%，是所有餐廳類別中上升幅度最大的，前景可謂一片光明。

方便快捷的快餐滿足香港人對「快」的要求。

5 放工後的選擇：輕便餐飲（Casual dining）

2016 年瑞銀集團一項調查發現，香港是全球最高工時的城市，每週平均工時超過 50 小時，拋離第二位的孟買 6.3 個小時。長時間的工作令不少人喜歡到環境舒適的餐廳，嘆一份輕便的膳食，盡情放鬆一下。此類型的餐廳，定價一般較快餐店和茶餐廳高，但是食物和服務質素相比亦較好，實際例子有意粉屋（The Spaghetti House）、Ruby Tuesday、Outback Steakhouse 等等。

輕便餐飲大受生活節奏急速的香港人歡迎。

6 加強標準化，簡化流程

餐飲業一直存在人手緊張的問題。根據政府統計處報告，在 2016 年首個季度，餐飲業的職位空缺多達 11,140 個，反映餐飲業長期人手不足。當中最主要的原因是餐飲業一直被視為低學歷、低技術水平的行業，想投身入行的人不多。現時，餐飲業的全職人數按年遞減，而兼職人數則急劇增加，導致員工的平均技術水平下降，複雜和難以烹調的菜式亦因後繼無人而買少見少。因此，引入**標準化的程序及先進機器，將會是未來餐飲業的新趨勢**。

7 點餐系統電腦化

資訊科技的普及令越來越多餐廳棄用手寫落單，而採用**智能化的點餐系統**。香港翠華餐廳和板長壽司都已全面採用電腦化點餐，利用手機或平板電腦幫客人落單，令整個點餐程序更加快捷。廚房亦能夠通過點餐系統即時知道客人所點的菜式，減少客人落單到廚師接單所花費的時間，大大提升出餐的速度。另外，點餐系統與收銀系統連接，實現**點餐、烹調、結算一體化**。

8 使用冷凍 / 半製成食品控制成本

使用新鮮食材會令餐廳在經營上產生很多不確定因素，例如食材變壞、存貨過盛或不足等，增加餐廳的成本。現時大多數餐廳都逐漸傾向使用冰鮮食品或半製成品，以**增加食材管理的彈性和出餐速度，同時減少廚餘**。

只要處理得當，冷凍的食物也能成為一級的美食。

9 食物速遞平台的興起

許多香港人都試過在淘寶網購物，但是你有想過餐廳食物都能從網上購買得到？

食物速遞在全球越來越流行，中國有「餓了麼」和「美團外賣」，德國亦有 FoodPanda 等食物快遞公司。這些公司綜合眾多餐廳的資訊，並提供一個類似淘寶網的網上平台，讓顧客在家中找尋附近餐廳的資料和下載外賣訂單，同時聘請大量外賣人員將餐廳美食送抵客人家中，令顧客**安在家中亦能享受餐廳的美食**。

食物速遞公司的興起為餐飲業帶來一個全新的商機。餐廳可以利用快遞公司出售食物，而非單靠傳統的店內銷售模式。餐廳的選址亦不再局限於人流多、租金貴的地區，較偏僻的地方也可開業，大大降低租金成本。此外，食物速遞公司能幫助餐廳宣傳和送餐，減少餐廳在宣傳和聘請送餐人員的開支。整體而言，雖然餐廳須向食物速遞公司繳付一筆費用，但在店租、宣傳、外賣送餐等方面減低成本。可見，**食物速遞平台有其發展潛力，或會成為香港未來餐飲業的一大趨勢**。

食物速遞和外送服務令客人可以安在家中，便能享受美食。

10 餐飲 App 及網站成主要推廣渠道

網上資訊平台是餐飲業一種新式的宣傳渠道，例如「為食一族」時常用來找尋美食的網站——Yelp 和 OpenRice。這些網站提供一個交流平台，讓食客彼此分享在某餐廳用膳後的感受和評論，作為選擇餐廳前的參考。當中越多人稱讚的餐廳，人氣自然越高，亦令餐廳的聲名更加廣為人知，**收最佳宣傳效果**。

Food Bloggers Report 可以為餐廳提供不同的點評服務。

【新手您要知之：訂立目標顧客】

一間餐廳不可能滿足所有人的口味，無論你的菜式多好吃，服務多貼心，也會有人對你的餐廳不感興趣，正如一位明星，即使富有才華，外貌俊美，也不可能得到所有人的喜愛。因此，你需要界定目標顧客，專注滿足單一或數個客群的需要，將他們變成你的「擁躉」。

1 小朋友及家庭：親子主題餐廳

小朋友普遍喜歡吃**甜食、炸物，以及色彩繽紛的菜式**。親子主題餐廳在研發新菜式時，要考慮小朋友的口味和喜好，以烹調出受歡迎的食物，令他們愛上你的餐廳。香港有不少成功的親子餐廳，譬如位於山頂的 Cafe Deco、荃灣的 Full House Kitchen 等等，都有推出兒童餐和設有遊樂場，深受小朋友喜愛，亦是一家大小用餐的好去處。

很多兒童都會喜歡趣怪和色彩豐富的食物。

好味有營養的兒童餐

小朋友通常在**家長的陪同**下前往餐廳用膳，因此，如果你的餐廳以兒童作為目標顧客，菜式的設計首要取得家長的信任，讓他們知道小朋友能在你設計的膳食中吸收到**充足的營養，放心讓他們用餐**。另外也要顧及家長的口味。

行內人 Tips——打造親子主題餐廳的秘訣：Food Channels

1. 配備兒童座位、BB 椅和餐具。
2. 使用印有卡通圖案的兒童餐具和餐墊。
3. 使用可以填色的餐墊和提供顏色筆供兒童玩樂，使孩子可以安靜坐在座位中，讓家長安心用膳。
4. 贈送小玩具，令孩子更開心。
5. 顧及食物營養和家長口味。
6. 設有兒童玩樂區，讓孩子可以快樂玩耍的同時，家長亦可安心用餐。

有特色的 BB 椅。

填色餐墊能令活潑的小朋友專心下來。

贈送小玩具使兒童更喜愛
到餐廳用餐。

孩子在餐廳的兒童玩樂區
玩耍，不會打擾家長用餐。

2 青年人及學生群：「相機食先」的一代

賣相行先，相機食先

青年人和學生喜歡在社交網站上載照片、與朋友分享趣事和得到朋友的讚好。他們較重視餐廳環境和菜式賣相，喜歡到有特色的主題餐廳用餐，以拍攝到精美的食物照片，博取更多的「Like」。因此，餐廳往往要**在環境設計和食物賣相上下一點苦工**，才能吸引年輕一輩光顧。

食物賣相好，自然吸引食客自拍留念。

飲食潮流贏口碑

將食物製作成晶球是分子料理的常用手法 。

此外，年青人緊貼潮流，接受程度高，因而**願意品嚐新款菜式**。如近年新興的分子料理，憑藉其獨特的烹調方法及精美的賣相，成功吸引了不少年青食家一嚐滋味。年青人亦會「捐窿捐罅」找尋美食，令樓上 Café 都能成功經營下去。

分子料理賣相精美，味道獨特。

年青人推崇西餐

不少年青人覺得中餐落伍，老一輩人士才會喜愛，因此相比起中餐，他們**更喜歡看似較新潮的外國菜**，諸如日本菜、韓國菜、西餐等。此外，他們享受與朋友相聚的時光，**咖啡店和甜品店**提供舒適的環境供他們談天說地，成為追捧的聚腳地。

西餐廳較受年輕人喜愛。

定價要大眾化

普遍年輕人或學生在未有開始工作前，皆**沒有穩定的收入**，依靠父母給予的零用錢消費。如果餐廳以青年人為目標客戶，應考慮到他們的經濟狀況，菜式**定價不宜過高**或**推出一些學生優惠的餐單**，令他們可以負擔得到。

行內人 Tips——如何滿足「相機食先」的一代：

1. 食物賣相要精緻，餐廳環境要有特色和優美，方便年輕人拍照留念。
2. 提供一個舒適的聚腳地。
3. 價錢合理，分量充足。

3 上班一族：午餐要豐富，晚餐要好

忙碌的工作令上班一族吃午飯的時間減少。

午餐要豐富

在午餐時間，上班一族要求餐廳**上菜速度要快**和**食物分量要足夠**，讓他們可以在短短 1 小時內充飢之餘，還有足夠精神應付下午的工作。他們一般會選擇在快餐店或茶餐廳享用午膳。

晚餐要選擇豐富

晚膳時候，上班一族當然希望可以和家人享受一頓精美好味的晚餐，共敘天倫之樂和放鬆心情。他們會選擇到環境優美和菜式味道好的餐廳用膳，Casual dining 就是其中的一個好選擇。

在晚餐時段，大家喜愛到食物質素好和環境令人放鬆的餐廳用膳。

行內人 Tips——吸引上班一族的不二法則：

Food Channels SINCE 2009

1. 午餐出菜快及價錢大眾化，晚餐選擇要豐富。
2. 提供能配合一家大小口味的菜式。

4 銀髮一族：追求健康及合理價格

中餐為主

銀髮一族大多已經退休，有充裕時間享受生活，不太喜愛快餐或西餐。同時，他們不會像青年人一般到處嘗試新菜式和新餐廳。一般而言，他們偏好中餐，喜歡到自己常去的餐廳、**中式茶樓**或舊式餐廳如港式冰室等用膳。

老人家喜歡和家人到茶樓飲茶。

健康飲食

銀髮一族大多**追求健康**，高血壓和心臟病都是這年紀容易患上的疾病，因此他們會選擇吃一些**味道清淡和富有營養價值的菜式**，避免吃高鹽、高糖、高脂肪的食物。

餐廳可利用蔬果打造健康菜式。

弄孫為樂

香港人生活負擔重，多數家庭的父母都需要外出工作，照顧小朋友的責任往往落在較為空閒的銀髮一族身上。他們疼愛自己的孫兒，會**帶他們到餐廳用膳**。若以銀髮一族為目標顧客的餐廳應準備一些符合小孩口味的菜式，令兩者可以各自享受喜歡的食物，有一個愉快的用餐體驗。

貼心服務

如果你的餐廳想吸引銀髮一族光顧，**餐廳的服務和設施也要顯得貼心**，例如在入口處設置斜坡方便行動不便的老人家、店員主動攙扶老人家入座、餐牌的字體要偏大和避免使用外語等，以照顧老人家的需要。貼心服務不但能令他們感到窩心，亦能提升餐廳的形象。

餐廳入口設置斜坡，方便輪椅進出。

行內人 Tips——為銀髮一族營造貼心的飲食環境：

1. 以中餐為主。
2. 提供配合老人家健康需要的食物。
3. 顧及小孩口味。
4. 貼心的服務和設施。

CHAPTER 2 第二章

10個步驟
輕鬆打造主題餐廳

大眾對開餐廳普遍都存有一種誤解，就是以為只要聘請到名廚，炮製出美食，就能獲得成功。可是事實並非如此，開一間餐廳需要從開業前的**店鋪選址、店面和餐牌設計到開業後的實際營運**，每一步都富有學問，對餐廳能否大受歡迎都非常重要，因此創業者在**開餐廳前應做好充分的準備**，仔細研究每一個開店步驟。以下會詳說打造主題餐廳的 10 個步驟。

打造不一樣的主題餐廳需要充足的準備功夫。

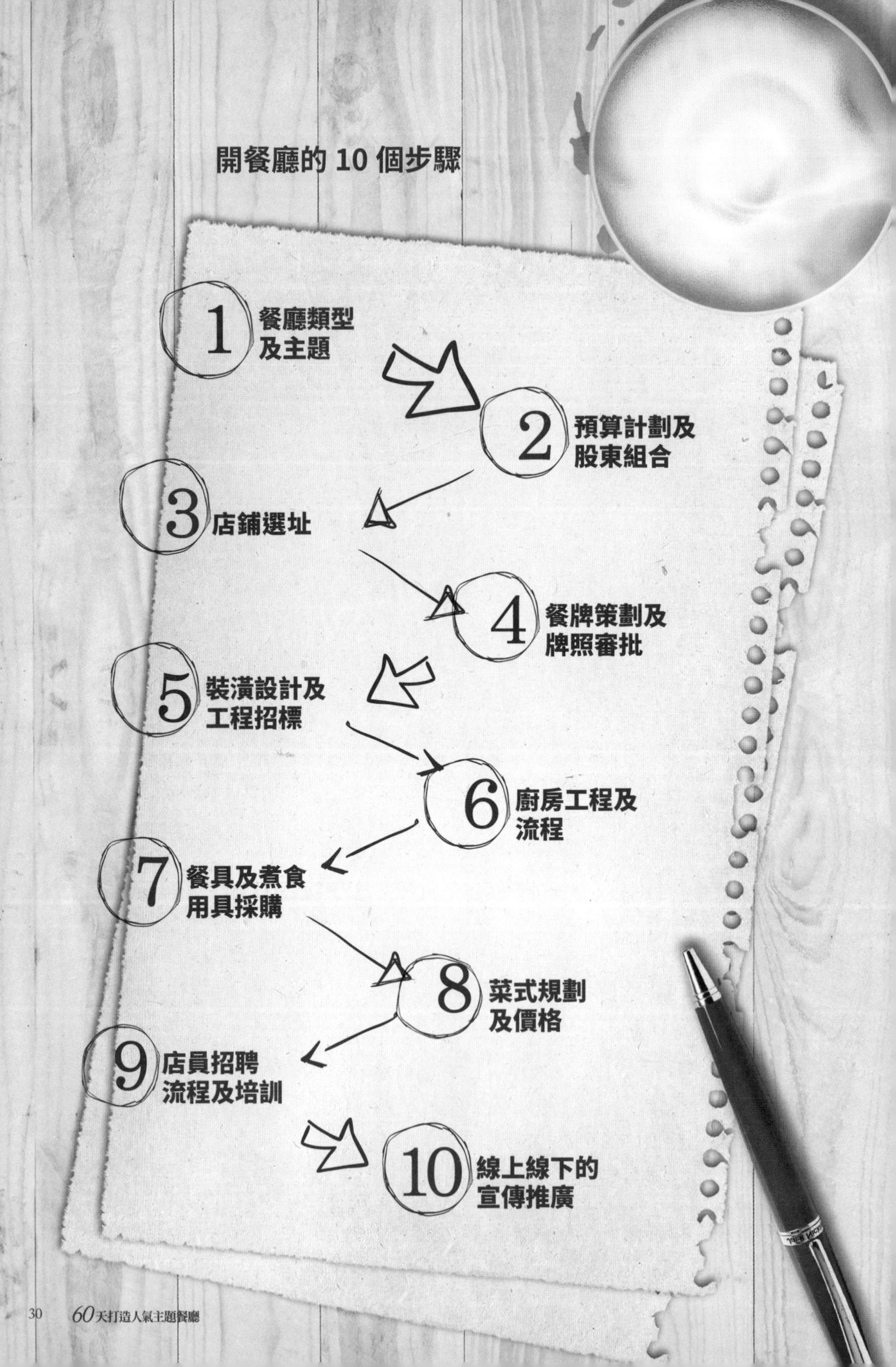
開餐廳的 10 個步驟
1 餐廳類型
及主題
2 預算計劃及
股東組合
3 店鋪選址
4 餐牌策劃及
牌照審批
5 裝潢設計及
工程招標
6 廚房工程及
流程
7 餐具及煮食
用具採購
8 菜式規劃
及價格
9 店員招聘
流程及培訓
10 線上線下的
宣傳推廣

日式餐廳。
中餐廳。
西餐廳。
咖啡店。

1 餐廳類型及主題

以主題開餐廳的第一步是**決定餐廳種類**，由售賣的**產品**（正餐、飲料、小食等）、**菜式**（中式、西式、日式等）、**價格定位到規模大小**（小型外賣店、餐廳、茶樓），投資者都要一一考慮。不同的餐廳種類需要不同的店面面積和設計。例如外賣餐飲店或小食店一般只需要一間面積不少於 200 平方呎的店鋪，用以擺放收銀台和廚房設備；而咖啡店或餐廳所需的店鋪面積較大，最多要不少於 700 平方呎的店鋪，要有足夠的空間擺放座位供客人入座用餐。同時，店面設計亦要根據餐廳類型而作出改變。如要營造和風氣氛，則需要運用大量原木桌椅和趟門設計。投資者應依據自己的預算和能力選擇合適的餐廳類型。

行內人 Tips：

新手應選擇投資金額較小和營運模式較簡單的餐飲店，如 Café、外賣餐飲店、小食店等，以減低風險和累積經驗，但食品的主題非常重要。

2 預算計劃及股東組合

詳細的**預算計劃能幫助開店者更有效地理財和計算開店的可行性**，從而增加餐廳成功的機會。預算包括裝潢、餐具、桌椅、廚房用具、首 3 個月的食材和雜費（水電煤、消耗品、廣告宣傳）、薪金（包括員工和老闆）、店鋪租金。投資者應根據預算計劃，決定是否有足夠資金投資已選定的餐飲項目。如資金不足或可行性低，投資者應考慮是否借貸或選擇其他規模較小的項目。

水電煤、餐具桌椅、食物原材料等都是餐廳的開支。

行內人 Tips——投資判斷：

周轉率（Required Turnover Rate），周轉率是指每日所需餐廳滿座的次數。

例：

餐廳座位總數：50

周轉率：5

這表示餐廳每天需有 250 名客人。（50×5 銷售食品，才能賺到開業者理想的利潤。）

周轉率越低，可能因為食品的售價比較高，則表示越大機會能夠達到開業者心中的銷售水平，餐廳能夠獲利的可能性越高，食品的質素也要提升。

例：

1. 計算每月所需營業額，當中包括各種支出，以及老闆基本的利潤（老闆也有收入）。

項目預算店鋪租金為 \$80,000， 營業額每月 \$600,000	港幣 \$
店鋪租金開支	80,000
人事開支 （12 人，包括廚房、樓面及經理）	150,000
營運開支 （包括水電煤費、保險、維修等）	30,000
食材開支（以營業額的比例計算，一般為 20%-30%，本次以 25% 計算）	150,000
總數	410,000

2. 估計每月開店日數。這個例子中，餐廳並沒有休息日，以 30 天計算。
3. 計算每日所需營業額，即（1）每月所需營業額 $600,000 ÷ （2）每月開店日數 30 = $20,000。
4. 估計餐廳顧客的平均消費（$80），可參考餐廳過往的業績或同類型餐廳的數據。
5. 計算餐廳的總座位數（50）。
6. 計算每一次周轉的銷售額，（4）顧客的平均消費 $80 x （5）總座位數 50 = $4,000。
7. 周轉率：（3）$20,000 ÷ （6）$4,000 = 5（轉）。

餐廳投資預算			
	外賣店	麵店或咖啡店	餐廳
潮流食品類	飲品 / 小食 / 甜品	輕便餐飲	韓國菜 / 日本便當 / 上海菜 / 西餐廳
實用面積	200-500 平方呎	700-1,200 平方呎	3,000 平方呎以上
座位數目	少於 10 個	30-50 個	50 個以上
投資預算（不包括租金按金）			
裝修設計費用	200-300K	500-800K	0.8M-3.0M
水吧及廚房用具	100K-150K	250K-350K	0.4M-1.0M

＊投資金額因應店鋪實際的環境而改變，投資預算只作參考資料。

開業資金及股東佈局

Q 我應選擇獨資還是合資開餐廳？

A　獨資和合資開餐廳各有千秋，沒有一個特定的答案指明哪種比較好。一般而言，創業者應**根據自己的財政狀況選擇合適的投資方式**。選擇獨資的店主在創業初期需要支付一筆較大的資金，負擔會較大，但是他們會有更高的自主性，能決定餐廳的一切事項，使餐廳百分百按照店主所想經營。

而合資開餐廳的初期投資金額會由數位合作夥伴分擔，每人需要支付的金額較少，令沒有擁有足夠資金獨資創業的投資者也能通過合資的形式進入餐飲市場。可是，合資開餐廳的自主性較低，餐廳的重要事項要由所有合夥人共同決定，當中有可能會出現因意見不合或是利益衝突而爭吵的情況。

要和合作夥伴長久合作，單靠互相信任是不足夠的，須在事前簽訂合約，確定利潤的分配，虧損時每位夥伴所需承擔的責任，每位夥伴負責的職務和初期投資金額，以及拆夥時的安排，避免在問題發生時出現不必要的爭拗。

3 店鋪選址

店鋪選址對於開餐廳來說，是至關重要的一步。在決定店鋪位置的時候要**考慮四周的環境**、建築物種類（學校或辦公大樓）、平日、週日及假期的人流、租金、該區的經濟水平、競爭者的數量、交通狀況等。好的選址會大大增加店鋪的營業額。因此在選擇店鋪位置時要謹慎，不要急在一時。詳細的店鋪選址將於第四章〈餐廳地點如何選〉中說明。

4 餐牌策劃及牌照審批

投資者須根據餐廳及餐牌的類別，**申請相關的餐飲業牌照**，如普通餐廳需要申請普通食肆牌照，燒味專門店則需要申請燒味及鹵味店牌照。餐廳所需的不同牌照資料可瀏覽食物環境衞生署（「食環署」）的網頁。

注意事項：

須聘請認可人士證明店鋪並無違規工程、符合衛生、消防設備、通風系統、氣體裝置及樓宇安全的規定。

向食環署申請食肆牌照之後，在未得到許可前，店鋪不得裝修或營業。由於牌照申請程序複雜，建議聘請牌照顧問（即「牌佬」）協助跟進。

詳情請參閱食物環境衛生署的食肆牌照申請指南：www.fehd.gov.hk

5 裝潢設計及工程招標

客人對餐廳的**第一印象來自店鋪的門面設計**，簡單舒適的設計配合創新和引人注目的招牌，絕對能引起客人的注意，並吸引他們進店用餐。獨特的內部**主題設計**，如紐約風格、復古工業風格、森林風格等，可令客人彷彿置身於一個**有別於日常環境的空間**，為他們帶來不一樣的用餐體驗，令他們留下深刻印象，增加再次光顧的機會。此外，主題餐廳亦較容易吸引媒體的目光，引起媒體爭相採訪。**高企的曝光率及具話題性的主題**，是此類型餐廳維持高人氣的秘訣。

良好的餐廳設計能增加客人的流量。（相片由 Branding Works 提供）

6 廚房工程及流程

廚房是餐廳的靈魂所在，一個先進、高效率的廚房能令廚師在烹調美食時更得心應手，從而提高上菜速度和迴轉率。各種先進機器的幫助亦能減少人力需求，降低人事開支。

器具須整齊，廚房要潔淨，流程自然快。
（廚具供應商：www.food-kitchen.com）

廚房工程涉及**器材設計、空間規劃和動線規劃**。其中器材設計和空間規劃應以方便廚師為主，各種煮食工具應擺放整齊，令廚師一目了然，減少來回走動和尋找用具的時間，提高煮食效率。

7 餐具及煮食用具採購

控制用具的多寡是另一項高深的學問。單純地只為了提高客人數量而放置過多桌椅，會導致店面過分擁擠。投資者應考慮餐廳的面積，購置**適量及合乎主題設計的桌椅**。

另外，餐廳須添置足夠數量的**餐具**，以免因缺少用具而影響顧客的用餐進度及情緒。**一般預算是座位數量的 2 至 2.5 倍，例如 50 個座位，常用的刀、叉、碗和碟就需要有 100 至 120 件。**

行內人 Tips：

1. 如情況和設計許可，不妨採用方形桌代替圓形桌。方形桌較易拼湊，能隨意合併成一張長桌子，供多人用餐之用。

2. 以 2 人或 4 人桌為主。

在訂購餐桌時要留意生產商是否能夠提供「防火證書」，以供申請餐廳營業牌照。

方形桌能節省空間，較實際。

圓形桌較美觀，但面積較小，通常於高級餐廳或咖啡店使用。

8 菜式規劃及價格

菜式規劃包括訂立餐廳**招牌菜**、設計菜單、決定食材和調味料供應商。菜式規劃是決定餐廳受歡迎的要素，創新好吃的菜式除了能帶給首次光顧的客人驚喜外，還能吸引他們再次光顧，成為餐廳的忠誠客戶。原材料的價格同時影響產品售價及餐廳定位。

開店前不但要決定菜式種類，還要決定醬汁和飲料。

9 店員招聘流程及培訓

餐廳主要分為**廚房和樓面兩部分**。以一間 70 個座位的餐廳為例，全店員工約需 15 人，當中樓面的員工應較廚房的多，廚房有 6 至 7 人，樓面則需有 8 至 9 人。廚房職位包括大廚、二廚、三廚、四廚、廚師學徒和水吧員；而樓面則有多名侍應生、收銀員和清潔工人。

店員培訓主要分為兩部分：

第一部分為**理論培訓**，要講解品牌理念、菜式、服務流程、注意事項、突發事件發生時的處理方法等，務求令員工對餐廳工作有初步的認識。

第二部分是**實戰培訓**，讓員工親身服務客人，幫助客人點餐，了解餐廳實際運作。店長可在旁觀察，並提供意見，幫助員工改正錯誤，提高服務質素。

第三部分是講解員工守則，簡介福利及事業晉升機會等等。

10 線上線下的宣傳推廣

餐廳店主應採用 O2O（Online to Offline）宣傳，從線上線下兩方面介紹餐廳的特色，提高知名度，吸引客人光顧。

線上方面，店主可在社交平台（如 Facebook 或 Instagram）和飲食網頁上宣傳，並邀請飲食 Bloggers 和星級食家試食，讓他們在網上推薦店主的餐廳。

線下方面，店主可在報紙、雜誌和電視下廣告，令更多客人留意。傳統媒體有很高的可信性和數量眾多的讀者，於線下廣告作宣傳會有一定的成效。

由線上推廣，至線下推廣，
推動線下消費。

4個不可不知的本地飲食界打拼故事

1 BurgeRoom

創新顛覆漢堡界

BurgeRoom 是香港本土的品牌，以創新口味的漢堡，如軟殼蟹漢堡、鵝肝漢堡等打響名堂，現時在銅鑼灣名店坊和尖沙咀的美麗華商場內營運，深受市民甚至外國遊客歡迎。

店主 Evan 本是財經界的人才，有一份穩定和令人羨慕的收入。在商界打拼數年後，卻發現自己不適合按部就班的工作，有志自己開闢一條新的道路。Evan 一直希望可以成為老闆，擁有自己的事業，做自己喜歡做的事，因而決定創業。

在決定好創業後便是要選行業了。本非餐飲業出身的 Evan 看好餐飲業的前途，他指出：「因為**每個人都是餐飲業的消費者**，每個人都要吃飯，所以餐飲業的生存空間較其他行業大。」而他創業當年正值漢堡熱潮，高檔漢堡紛紛在港出現，而缺乏煮食經驗的他認為漢堡較易處理，而且受市民歡迎，因而決定踏上開漢堡餐廳的道路。

Evan 回想當初身邊的朋友和家人都不支持他放棄銀行業的大好前途，轉投餐飲業，認為餐飲業潛力有限，風險高，倒不如繼續在銀行內賺取穩定的收入。但他深知自己的夢想在於創業，於是排除眾議，憑着自己獨到的眼光，讓他找到創造 BurgeRoom 的道路，繼而成功。當時，他**抱着「不成功便成仁」的宗旨**，不給自己留下任何後路，全心全意去經營自己的第一間餐廳，憑着滿腔的熱誠，成功研發出多種創新漢堡，如軟殼蟹、龍蝦、鵝肝等，令 BurgeRoom 能在漢堡界中佔下一席位。

現在 BurgeRoom 已是全港數一數二的高級漢堡品牌，不僅是香港人，甚至連不少台灣人和外國人都已成為 BurgeRoom 的「粉絲」。大獲成功的 Evan 直言：「能夠證明自己有實力，令身邊的親友由反對開業到看到我的成功，有着莫大的成功感。」

餐廳選址，細心分析

BurgeRoom 的兩間店鋪皆位於旺區，Evan 表示：「**餐廳的成敗取決於店鋪位置**，不要因為租金便宜而選擇偏遠的地區，因為這樣餐廳永遠無法打響名堂，最後可能因不能成名而導致營業額低下。」餐廳選址不用找最貴、最多人流的一線地點，因為這樣租金會十分昂貴，可以退而求其次，**選擇旺區內人流較疏落、租金較平的地方**。BurgeRoom 一開始便找了銅鑼灣加路連山道，雖然不是一線的店鋪，但有一定的人流，而且距離地鐵站不遠，租金亦較大街上的店鋪便宜，適合新開的餐廳。

人手管理往往是最大的難關

餐廳的成功往往離不開員工的努力，尤其是一家新開的店鋪，人手資源緊張，員工的不滿會對餐廳的營運有重大的影響。他以前工作的同事都是大學畢業，但加盟餐飲業後，他發現大部分的員工的教育水平都偏低，而兩者的說話方式都不一樣，大學畢業生會比較有禮貌而且理解能力較高，一點就通；餐飲業的員工則說話較直接，要用較淺白的語言指導他們。因此作為店主的他必須適應這種轉變，調整說話和溝通方式，**用更多時間與員工溝通**，了解他們的需求。

Evan 並不只是命令下屬工作，他還要**積極參與餐廳營運的每一步**，例如懂得基本的煮食技巧、知道製作菜式的步驟，甚至要制定食譜，證明自己有能力，並不是紙上談兵。這樣才可以服眾，令員工根據餐廳的標準辦事。

「別人有的食物你要有，而且要做得比別人好，
而一些別人沒有的食物，你都要有，而且要創新，
不要抄襲。」

BurgeRoom 從開業伊始便吸引了各大傳媒爭相訪問，無論是電視台、雜誌、網站都有關於 BurgeRoom 的報導，而且不只一次。Facebook 上 BurgeRoom 的專頁有超過 6 萬個「讚好」，新的帖子亦有大量的回應和好評。當 Evan 被問到究竟怎樣才能吸引到媒體採訪，他回答兩個字**「創新」**。軟殼蟹、龍蝦、鵝肝等都不是尋常的漢堡材料，看起來與漢堡「牛頭不對馬嘴」，初期更惹來外國雜誌抨擊，說「那不是漢堡」。BurgeRoom 卻找到方法把這些不尋常的配料和漢堡結合，不但做得好吃，而且**極具話題性**，引來不少本地傳媒前來採訪。而之前抨擊他們的外國雜誌亦因軟殼蟹漢堡大受香港市民和遊客歡迎，繼而和他們「冰釋前嫌」，特意找 BurgeRoom 作專訪。當然，BurgeRoom 優勝之處不只限於創新的漢堡，尋常的牛肉漢堡、雞肉漢堡等都做得十分出色，令不少外國旅遊書本都紛紛推介 BurgeRoom。

累積粉絲，成本地漢堡標誌

對於 Facebook 的讚好人數，Evan 說是**日積月累的成果**。Evan 表示不少讚好的人都不是本地人，而是外國和台灣遊客。他們因看到旅遊書的報導而慕名而來，在親身品嚐過餐廳的食物後，都感到相當滿意，因而在 Facebook 上關注 BurgeRoom。

給想開一間 主題餐廳的您

1.「不要想自己會失敗，告訴自己一定要成功，想盡一切辦法將失敗的可能性降到最低。」

開一間餐廳固然會有風險。

如果不敢踏出第一步，永遠都不會成功開到餐廳。

要勇於克服困難，排除一切失敗的原因。

2.「不要怕旺區租金貴，在旺區才能令餐廳打響名堂。」

偏僻地區的餐廳成名機會較少。

不一定要在最好、最多人流的店鋪開餐廳。

選擇離地鐵站 10 分鐘路程內的店鋪。

3.「店內所有工作都是您的職責，每一個工作流程都要懂，事事都要積極參與。」

做老闆不等於可以將所有工作交托給下屬。

只有親力親為，才能服眾。

只有自己親身體驗過，才能知道問題所在。

2 New York Diner

鬧市中的紐約風餐廳

New York Diner，又稱「紐約客」，是 Food Channels 餐飲集團旗下的品牌，以紐約為題，從裝潢、音樂、餐品都富有美國特色。現設有三家分店，分別在銅鑼灣、荃灣荃新天地和北角渣華道，其招牌菜包括安格斯牛肉漢堡、波士頓龍蝦等。

「在收銀機背後看到客人吃得開心是一件很有滿足感的事。」

厭倦商場工作，投身餐飲圓夢

店主 Rocky Lam 於商界打拼多年，對工作感到厭惡，因此想發展新的事業。於機緣巧合下看到 Food Channels 的網站，便有實現兒時夢想的念頭，開創自己的餐廳。Rocky 曾在酒店工作，對餐飲業有稍微的認識，加上有家人和朋友的支持，於是踏出創業的第一步。**在特許經營的制度下，因為有一套標準的流程及指引**，故此 Rocky 開店過程比一般的餐廳容易。

最初 Rocky 認為開餐廳是很容易的事情。但是到了簽訂租約的一刻，本來不太擔心的他也對前景感到憂慮，擔心餐廳不能達到收支平衡。幸好，餐廳在開業後的表現都不錯，而且身邊的朋友都經常到餐廳用餐，支持他。他笑言：「差不多所有親朋好友都讓他刷過信用卡。」

「沒有特許經營和朋友的協助，我不會走到這一步！」

他坦言**特許經營商對他的幫助很大**，在開店過程中全程從旁提供協助，一步一步地幫助他打造一間理想的主題餐廳，而且還傳授他這個餐飲行外人許多的餐飲經驗，令他可以在短時間學會經營餐廳的要訣。即使距離開業已有數個月，特許經營商仍然會派專人跟進餐廳的大小業務，協助餐廳發展。

「得罪一個客很易，得到一個客很難，因此要做好服務。」

放下身段，虛心求學

Rocky 提及餐廳開店步驟繁複，期間遇到不少難關和陷阱。不過，他認為守業才是最難的階段。當一家餐廳成功開店後，如何**將餐廳持續發展（Sustain）和令餐廳運作流暢是當前一大難題**。他眼見不少投資者低估了開餐廳的難度，以為成功開店便算是成功。除了硬件（食物、環境、裝潢）外，軟件如人手、經營模式等亦是不可或缺。此外，開店還要面對不少外來因素，如天氣、運氣等，也會左右餐廳的營業額，影響到餐廳的可持續性。

Rocky 建議新手應有服務客人的心理準備。每個人都做過餐廳的客人，被餐廳的侍應服務，但是當角色轉移，要對客人恭敬，卻是另一回事。餐廳需要將一名客人變成常客，或是比起吸引新客人還要花多些心機和時間，但是令客人失望可能只是一瞬間的事。因此，餐飲業與其他工種不同，需要非凡的忍耐力和耐性，更要有良好的服務精神。

「一間餐廳的成敗在於溝通。」

親民的店主，從不擺架子

Rocky 坦言他並不想開一家高級餐廳。他認為全港十八區的客群都會有不同，因此**在不同地區開的店鋪也應該有差異**。例如在北角開店的他不能將荃灣 New York Diner 的所有元素「搬字過紙」，而須因應地區的人口、人均收入、附近餐廳的競爭等作出調整。北角屬於住宅區，居民的收入水平只屬一般，因此便**主打「親民」的路線**，提供舒適、寫意的環境給客人，而非定位為高級餐飲（Fine Dining）。Rocky 認為本土化（Localization）對一家餐廳來說是十分重要的，例如每個國家的麥當勞都有不同的餐牌和食物。即使小至香港各區，也要**做好本土化**，才能吸引該區的客人。

Rocky 亦主張溝通及親民。**「溝通無分上下」**，店主和員工之間要溝通無間，才能獲得成功。他與員工溝通時會先告訴對方每個決定的目的，如果員工有更好的意見可以說出來，店主的決定和員工的意見相輔相成，便能達到更好的效果。

特許經營：餐飲新手的救星

以特許經營方式營運的 Rocky 認為特許經營的確幫了他很多。他指，特許經營有良好的成本控制、不易出錯和有標準。**標準化做得好的餐廳才會成功**，不然菜式的味道就會因大廚的喜好而變動。除了標準化的菜式外，餐廳營運、員工服務、店主管理等都已有明確的指引，不需要由零學起，令缺乏餐飲業經驗的人都可以鼓起勇氣開餐廳。不過，有標準就自然會有束縛，他認為餐廳要在已有的框架內尋找靈活性，及集中精神在推廣上加大創意。

1.「餐廳要成功，最重要的是標準化。」

標準化能令食物的質素保持穩定。

任何廚師都可根據 SOP（Standard Operating Procedures）煮出美食。

就算大廚辭職，餐廳運作都不會受到太大影響。

2.「開一間餐廳並不困難，但只有可持續營運下去才算成功。」

許多人都能開到一間餐廳，

但是並不是每個人都能將餐廳營運得有聲有色，

令餐廳可以保持高人氣和高利潤。

3.「沒有特許經營，餐廳沒有可能可以這麼快便能開業。」

特許經營為我提供了一套完善的標準。

大大減低餐廳營運不善的風險。

沒有餐飲經驗的投資者都能透過特許經營成功開店。

4個不可不知的
本地飲食界打拼故事

3 芝味鳥
Pizza Bird

平民食堂，實惠好味的薄餅

Pizza Bird 現時在香港擁有 9 間分店，主打平民價錢享用高質素意式美食，其薄餅（大批）的價錢相比市面上其他薄餅店便宜 $40 或以上，十分經濟實惠。不少客人品嚐過 Pizza Bird 的美食後，都紛紛給予好評，讚揚其薄餅「大件夾抵食」。其招牌菜有「法式豬仔骨」、「招牌肉醬意粉」、「環遊世界薄餅」等，深受街坊客歡迎。

微服出巡，從侍應做起

Pizza Bird 的其中一個老闆 Biu 哥在經營餐廳前是一名銷售員，完全沒有任何餐飲的經驗，在一次朋友的邀請下，再加上看好餐飲業的前景，決定投資 Pizza Bird，一圓創業做老闆的夢想。

起初 Biu 哥對營運餐廳沒有太大信心，因為他對餐廳的流程和營運都沒有認識，所以他決定從低做起，在沒有人知道他是老闆的情況下，在其中一間 Pizza Bird 分店做侍應，一邊工作，一邊學習店鋪的日常營運。Biu 哥表示雖然侍應的工作比較辛苦，但是卻能親身接觸客人，了解他們的口味和需要，而且在看到客人愉快用餐時亦能感到很大的滿足感，所以他十分用心工作，成功憑着自己的努力，在 1 年內晉升為店主，並累積豐富的餐飲經驗，對他管理一間店鋪有莫大的幫助。

「要將每一位客人當作朋友看待，才能令生客變成熟客。」

用心服務，為客人帶來驚喜

將客人當成朋友看待是提高餐廳服務質素的一個秘訣。如果員工能用對待朋友的方式對待客人，自然能令客人感到親切和友善，從而對餐廳服務感到滿意。Pizza Bird 正正就是因為擁有友善的服務才受到眾多街坊客的喜愛和支持。Biu 哥建議初創業者要着重員工的服務質素，教導員工用心服務，才能為餐廳帶來更多的熟客。

Biu 哥分享了一個用心服務客人的例子，有一次有位客人打電話到 Pizza Bird 叫外賣，消費多達數千元，因此他十分好奇客人購買這麼多食物的原因，便詢問客人，得知原來是客人為了和朋友慶祝生日而舉辦了一個派對。他當時想為客人帶來驚喜，便在每個外賣盒上寫上餐廳員工對壽星公的祝福，希望他們可以有一個難忘的生日派對。客人收到外賣食物的時候感到十分感動，親自打電話向餐廳員工道謝，並從此成為了 Pizza Bird 的忠實客戶，經常帶朋友到餐廳用餐，令餐廳的客源得以大大增加。由此可見，只要細心服務，注重每一個服務細節，便能提高服務質素，令更多生客變成熟客。

Biu 哥一直積極參與慈善活動，及向社福機構和大學學生會提供贊助。

「通過贊助食物，希望幫到社福機構或是學生，回饋社會。」

提供贊助，回饋社會

Biu 哥得知許多社福機構和大學學生會都會在舉辦活動和就職典禮時尋求贊助商贊助，但是他們卻經常吃閉門羹，所以他想在能力範圍內向他們贊助一些食物，希望他們可以成功舉辦到活動。當然，他會要求受贊助的機構和學生一定要用心去舉辦活動，服務社群。他知道有許多商家會覺得提供贊助是一件沒有任何好處，甚至會令自己虧本的事情，但是他卻有一番獨到的見解，他認為向有需要的機構和學生會提供贊助，既幫助到他人，又能為自己的品牌塑造良好的品牌形象，而且能令更多人嘗試到 Pizza Bird 的美食，從而吸納更多的客人。

心境積極開朗，問題迎刃而解

被問到開餐廳是否辛苦，Biu 哥回答說：「當然辛苦，不過在於你怎樣看，學到什麼。」1 星期工作 7 天，每天工作 15 小時的 Biu 哥認為工作雖然辛苦，須面對眾多的難題，但是他堅信解決方法總比難題多。Biu 哥一直保持樂觀開朗，不但感染身邊的同事，還增強自己的動力，將快樂帶給客人。他勸喻新手開餐廳前必先想清楚自己開餐廳的原因，找到自己的動力，否則只會越經營越辛苦，最後放棄。反之，假如店主有明確的目標，做好心理準備，就有動力面對問題。Biu 哥建議店主多問問其他人的意見，集結多人的知識和力量，很多事情都能迎刃而解。

1.「有麝自然香，只要食物味道好便能吸引客人。」

餐廳的主角是食物。

餐廳應以提升食物質素為最主要的任務。

只要食物好味，就算不會宣傳也能街知巷聞。

2.「辦法總比困難多。」

營運餐廳一定有許多的困難。

只要與員工同心合力，集思廣益，

一定能想到相應的解決方法。

3.「對產品質素要有嚴格監控，令食物味道能保持水準。」

每天開業前都要對產品進行試味，

確保原材料和廚師的狀態正常。

如發現產品的味道有差異，

便要仔細找出問題所在，並加以改善。

4個不可不知的本地飲食界打拼故事

4 香港仔魚蛋粉

家喻戶曉的魚蛋粉

香港仔魚蛋粉在香港開業多年，擁有 6 間分店。它的商標是一隻帆船，代表香港。餐廳以爽口彈牙的正宗魚蛋聞名，而且價格實惠，深受市民歡迎。

接手父業，重振聲威

店主 Joe 的父親擺魚檔長達 3、40 年，對香港的海產十分熟悉，對不同魚的口感和味道都有所研究，因而成功研發出爽口彈牙的魚蛋製作方法。此外，他也認識不少價廉物美的海鮮供應商，知道如何用最低的成本採購到性價比最高的海鮮，所以興起開魚蛋粉麵店的念頭。起初餐廳的營運狀況都算良好，但是在營運數年後卻先後經歷金融風暴、科網股爆破、沙士等事件，令店鋪生意大減，差點落得倒閉收場的結果。

Joe 原先在澳洲主修財務，畢業後回港工作了一段時間，發現找不到自己的人生目標，因此選擇接手父親的餐廳。起初沒有任何餐飲經驗的他也不懂如何營運和擴充餐廳，只好邊學邊做，儘量在開店過程中學設計、圖則、訂用具等營運知識，亦不斷向父親取經。短短數年間，Joe 已經從一竅不通的餐飲新手變成獨當一面的餐廳老闆，在人才管理上亦有自己的一套方針。在 Joe 接手餐廳的時候，正值自由行的興起，訪港旅客大大增加，令餐飲業得以迅速發展，Joe 也把握機會發展餐廳的品牌，成功在內地遊客中打響名堂。現時香港仔魚蛋粉幾乎每 1 年都能多開 1 間分店。

「餐飲創業者最常犯的錯誤是操之過急，
在對餐飲業沒有充分了解和制定好全盤計劃前，便
抱着『做咗先算』的心態開餐廳。」

急開業，快倒閉

Joe 認為店主在未理解好餐廳的營運流程和管理前，便匆忙選址開業，會導致餐廳營運混亂，增加出錯的機會，大大降低餐廳在客人心目中的地位。他曾經與許多因營運不善而導致餐廳結業的老闆交談，意外地發現他們大部分竟然沒有制定任何預算計劃（Budget plan）來控制成本，有些老闆甚至連自己餐廳的成本和員工的數量都不清楚。在這種情況下，很多餐廳都難以達到收支平衡，最終導致虧損，令老闆不能再經營下去。因此 Joe 建議餐飲創業者**要穩打穩紮，按部就班**，在沒有對餐飲業有充分認識之前，不應盲目開店。

「只有餐廳店主才最知道
自己所需要的人才。」

事事親力親為的老闆

Joe 在餐廳的發展初期**事事都親力親為**，從樓面和廚房工作，到人才管理和財務規劃，都從不假手於人，會親自落手落腳去做好每一件事。而在工作的過程中，他不但對餐廳的整體運作有更深入的認識，還體會到父親所教授的經驗，從而領悟出自己的一套營運方針，將餐廳成功擴充到有 6 間分店。Joe 認為餐廳**店主一定要熟悉餐廳每個崗位的職責**，才能有效地指導和分配工作給每一位員工，

令員工知道店主不是紙上談兵，而是有真材實料，對店主更加信服，因而令店主更容易管理店鋪。

Joe 強調店主**在招聘人手方面一定要親力親為**，才能挑選到最合適的員工，而他店內所有員工都是由他親自挑選招聘的。就算有時人手緊張，須急聘大量員工，但他並沒有足夠的時間去親自面試，也會在事後找新入職員工商談，並觀察他們的工作表現，以確保他們符合自己的要求。

簡單直接的店名

Joe 認為他的餐廳能夠成功，除了因為出品的魚蛋爽口彈牙外，**易記的店名**亦是其中一個重要因素。他認為「香港仔魚蛋粉」這個店名簡單直接，令人一眼看見便知道餐廳出售的食物種類，而且十分易記，方便顧客向他們的親朋好友推薦。因此他建議餐飲創業者在考慮餐廳的店名時，應以簡單直接為主，最好能令人一見難忘。

憑着樂趣，堅持夢想

Joe 坦言：「開餐廳雖然會較辛苦，但是當中的樂趣並不是行外人所能體會到的。」餐廳能夠賺錢固然令人開心，但是**和熟客談天或是得到客人對食物的讚美和認同，更能帶給人滿足感和成功感。**正正由於這份餐飲所帶來的喜悅，Joe 才會一直堅持下去，努力發展自己的品牌，令香港仔魚蛋粉得以成功。

1.「開餐廳最難的是守業。」

初開業時，客人會因為新鮮感而進店消費。
數月過後，餐廳便要以實力取勝。
要令餐廳長久發展，保持人氣，
在食物、環境或服務方面一定要有其優勝之處。

2.「一定要心裏有『數』，有完善的計劃。」

店主一定要清楚餐廳的財務狀況，
才能控制成本，提高利潤。
餐廳在宣傳或擴充前要有詳盡的計劃，
根據計劃一步一步地實行，提高成功率。

3.「對菜式種類要熟悉，才能烹調出美味的食品。」

Joe 對各種海鮮都十分熟悉，
因此他能挑選出肉質最好、味道最鮮味的魚，
製作爽口彈牙的魚蛋。

5 個行家也會犯的錯

1 盲目跟風

餐廳店主為了提高營業額和吸引客人，有時會**抄襲市場上熱門的菜式**到自己的餐單上。有的盲目跟風或會成功，就如由美心餐廳首創的鐵板餐，隨即風靡全港，不少茶餐廳紛紛引進到自家餐廳，並大獲成功，令鐵板餐成為香港特色美食之一。

鐵板燒是少數各間餐廳跟風後，都仍然大受港人歡迎的例子。

然而盲目跟風而獲得成功的例子只屬少數，大多數都是失敗收場。以香港添好運點心專門店發明的酥皮叉燒包為例，因其外脆內軟，叉燒汁多味美，榮獲米芝蓮一星評級，深受港人歡迎。其後各大茶樓爭相模仿，推出酥皮叉燒包。可是由於做法不同，導致口味與原創相差甚遠，令客人失望，銷情遠差預期。盲目跟風，將市場上的熱門菜式拼湊成自家的菜單，只會令**餐廳失去特色，難以在客人心中留下深刻印象**。加上菜式的味道與原創可能有所出入，令到客人不滿，最終**餐廳的營業額只會不升反跌，得不償失**。

人氣餐廳成功 Tips：

餐廳要獲得成功，首先要有令客人一試難忘的特色產品，只有創新菜式才能令客人留下深刻印象，增加再次光臨的機會。打造創新菜式的方法將會在第三章詳細介紹。

2 忽略菜式質素

餐廳的核心所在是菜式的味道，然而在不少主題餐廳中，食物質素已從主角淪為配角。它們過分重視餐廳的配套，如餐廳裝潢、餐牌設計、店員服務質素、菜式外觀等，卻**忽略了菜式味道的重要性**。雖然客人會相當享受和滿意餐廳的環境，但是若無美味的菜式，客人又怎會感到耳目一新，萌生再次光臨的念頭呢？已結業的「超人餐廳」便是一個活生生的例子，它曾是很多小朋友的樂園。門口放置真人比例的超人模型，店面富有超人元素的裝飾和印有超人圖案的餐具，都令小朋友一見難忘。可是，餐單上的菜式並沒有任何超人元素，與一般茶餐廳無異。加上食物質素未如理想，很多家長帶同小朋友光顧一次後，便沒有再前往，導致超人餐廳在**開業短短 3 年便倒閉收場**。可見，餐廳配套固然重要，但是**菜式的味道才是餐廳賴以為生的根本**。

不少食物的賣相好，但菜式的味道才是最重要。

人氣餐廳成功 Tips：

FC Food Channels

要在菜式味道和餐廳配套中取得平衡，不應忽略任何一方面，重視改良菜式的味道和研發創新菜式。

3 餐廳定位不清晰

很多餐廳店主以為只要將菜單設計到適合所有類型的客人，就能擴展客戶群，獲得更高的盈利。然而這樣的菜單**沒有針對特定客戶群**制定最合適、吸引的餐單。餐單過於平凡，沒有特色，自然失去對客人的吸引力，最終只會**「東不成，西不就」**，哈迪斯就是其中一個典型的例子。哈迪斯曾在香港開設多達 25 間店鋪，然而因為定位不清晰，欠缺招牌菜和特色而未能令客人留下深刻印象，漢堡沒有麥當勞般受歡迎，炸雞亦不及肯德基那麼好吃，導致客人一想起漢堡炸雞便只會想起麥當勞和肯德基，而非哈迪斯。

這兩款食物已是麥當勞和 KFC 的標誌。

人氣餐廳成功 Tips：

餐廳定位要清晰，切勿貪「多」失大，應選定單一客戶群來制定菜式，以盡力滿足他們，令他們變成你的忠誠客戶，再次光臨你的餐廳。

4 選址不正確

選址是決定餐廳成敗的關鍵之處，**選址錯誤會大大影響到店鋪的經營**。曾經有一位店主以為在工業大廈內開餐廳能確保銷量，原因是工業大廈內有很多不同的寫字樓，他預計每日的客流量會多達 1,000 人。於是他雄心壯志地在工業大廈 3 樓租了一個大面積的店位開餐廳，完全忽略了樓中店的弊處和上班一族的工作模式。由於餐廳位於工業大廈內，並非街道上，除了工業大廈內的上班族外，其他顧客甚少注意到餐廳的存在或特意前往光顧。此外，因為大多數上班族均是星期一至五「朝九晚五」地工作，餐廳在平日晚上和週末日以至假期都欠缺客群，只能依靠早餐和午餐時段售賣食物。店主最終估錯數，餐廳每日的客流量僅有約 500 人，剛剛抵消租金和其他成本，開業 1 年便要宣布結業。

在假日，工業大廈的人流並不多。

人氣餐廳成功 Tips：

決定店鋪的位置前，要有周詳的調查和分析，從多方面入手，如店鋪四周的環境、建築物種類（學校或辦公大樓）、平日、週日及假期的人流、租金、該區的經濟水平、競爭者的數量、交通狀況等，全方位評價店鋪位置的好壞，做到萬無一失。

5 營運經驗不足

開餐廳最大的風險並非以上 4 點，而是**店主不懂經營**。很多店主都會有一種錯覺，就是只要自己懂得烹飪或是聘請到一名好廚師，便能令餐廳成功。然而經營一間餐廳並非這麼簡單，有很多不同的因素影響餐廳的成敗，例如定價、宣傳、店員培訓和管理、會計財務、樓面和廚房運作等。假如店主營運經驗不足，會導致客人流量低、店鋪運作混亂和帳目出錯，最終餐廳或會**失敗收場**。

廚師和食物只是餐廳的一部分，店主的能力才是最重要。

人氣餐廳成功 Tips：

創業者在開餐廳前應先多理解相關的營運概念或聘請相關的專業人才，以免出現上述的情況。此外，創業者亦可考慮加盟特許經營，因為大多特許經營商都會協助店主定價、宣傳、培訓店員、設計餐單等，而且他們有一套詳細而完善的物流、營運、銷售和會計流程，供加盟者直接複製之用。本書也會深入淺出地幫助讀者了解更多關於餐廳開業的營運知識。

新手您要知之：
7Ps 營運策略建構人氣餐廳

7Ps 這個市場學的概念可能對於不少人來說是陌生的。即使是市場學的學生也可能只曾聽過 4Ps 而非 7Ps。7Ps 是 4Ps 的延伸，4Ps 指的是 Product（產品）、Price（價格）、Place（地點和渠道）、Promotion（推廣）。7Ps 則加多了 People（人事）、Procedure（過程）、Physical evidence（有形證據）。我們將有形證據與地點一併討論，而另外還有一個大家都會感興趣的 P － Profit（利潤）。只要做好這 7 個 P，餐廳成功便指日可待。

現簡單介紹各個 P 的解釋，並在下一章逐一深究各個 P 的詳細內容。

1 Product（產品）

很多人一提起產品，只會想到餐廳的食物和飲料。然而產品並非這麼簡單，還包括**服務質素、餐牌設計、品牌形象**等。顧客不但衡量產品的味道，還會考慮賣相、容器、服務、品牌形象、包裝等等。做好產品不單是廚師的工作，也需要餐廳所有人共同努力去完成。

精緻的賣相和容器也是一大賣點。

品牌是產品質素的代名詞。假如你去一個較落後的國家旅行，又不知道有什麼好吃，你會選擇一家當地的小餐廳，還是一家在香港也有分店的麥當勞？你能想像到當地麥當勞的味道嗎？除非你想體驗當地的食物，不然很多人都會相信麥當勞能做到和香港差不多的味道。這就是品牌的威力。無論你是看見麥當勞漢堡的包裝紙，還是那搶眼的黃色 M 字，你也立刻想到麥當勞和它的食物，甚至此時此刻你可能會因為這段文字而想起麥當勞的味道。**只要做好品牌，在顧客的心目中樹立起形象，你的餐廳便不須推廣也能街知巷聞。**

這 3 幅圖令你聯想起哪些品牌？

2 Price（價格）

價格就是**產品的定價**，是不少顧客重視的元素，亦直接影響店主的利潤。簡單而言，價格過低會令餐廳入不敷出，價格過高則令顧客卻步。某些情況下，價格低給人一種低質素的感覺，亦有餐廳故意提高價格來令產品感覺上高檔次些。事實上，定價是很多店主頭痛的主因，或許他們只熟悉經營餐廳，但不懂這些「數字遊戲」。

要知道如何定價，**其實不需要懂得艱深的數學**，只須根據本書介紹的方法，即可根據客人心理訂立一個合理、吸引的價錢。

餐廳的環境優美，
顧客自然願意多付一點。

3 Place（地點和渠道）

地點包括了選址地點、供應鏈、店鋪裝飾和裝潢。選址地點指的是你餐廳的位置，通常人流越多的地區，租金越貴，但是潛在的營業額亦越高。

選址要注意的因素十分多，包括同區競爭者的數量及該區的人口統計（如年齡層、人均收入等）。市面上有不少能協助店主下決定的工具（如商圈分析、選址評分表等）。

供應鏈是指從原材料、加工、到將食物處理、送到客人面前的過程。當中牽涉到供應商、生產商、分銷商、零售商及消費者。各單位均有不同角色和功用，店主須尋找合適的供應商，並建立關係和互信，才能成功經營餐廳。

最後，**裝潢也是一間餐廳不可或缺的一部分**。一家破舊的餐廳無論在多旺的地區也不能吸引顧客，反而會因人流稀疏而「惡名昭彰」。有特色、有主題的裝潢最能令顧客留下深刻和正面的印象，更有可能「一傳十，十傳百」，為餐廳帶來更多顧客。餐廳給予顧客的**「第一印象」非常重要**，有時候更會伴隨顧客一生。要令顧客留下美好的第一印象，便取決於那短暫對店鋪**裝潢的觀感**。

有特色的門面才吸引到顧客，最好能夠令顧客知道你的餐廳是什麼類型。

4 Promotion（推廣）

推廣可以令到**更多人認識你的餐廳**。一家餐廳需要從多個渠道推廣自己的產品，即本書所提及的 O2O 線上到線下推廣。必須選擇正確的推廣渠道和資訊，正如在線上推廣，如 Facebook、Twitter、Instagram 等平台，**不能抱着「人有我有」的心態**。不是開了一個頁面（Page）就等於做好社交媒體推廣，要妥善管理、控制、與顧客溝通，才可以藉社交平台拓展餐廳的業務。

引人注目的海報可放於店鋪和在網上發布。

5 People（人事）

7P 中還包括了人事。一家餐廳的人事除了員工，還包括顧客。員工是顧客對餐廳的認知和感覺的關鍵之處，**服務欠佳的餐廳於現今社會已不能生存**，提升員工的服務質素要由訓練開始。一名訓練有素的員工能為餐廳帶來生意，以點菜過程為例，侍應除了要熟悉餐牌外，**還須親身試食**，才能準確地回答顧客對產品的查詢。此外，侍應會向顧客推薦利潤較高或廚師推介的菜式，以增加銷售量及確保客人能品嚐到餐廳的特色菜式。

店員應儘量保持笑容。

當遇上「麻煩」顧客時，店主應先了解他們是否有理。有理的投訴或不滿必須檢討和解決，**無理的顧客則不應任由他們為所欲為**。店主應以保障其他顧客為大原則，採取適當手段，舉例有些顧客刻意要求特定的位置，但是那些座位已有其他客人用餐，店主在這種情況下不應為滿足那些顧客需求而影響已在用餐的顧客，應說服他們坐其他位置，並解釋原因。

6 Procedure（過程）

正如上述所言，好的服務能夠增加餐廳的知名度及客人再次光臨的機會。不過，怎樣才算是好的服務呢？每個人教導員工的方式都有偏差，舉例說有的教導員工要在每個人點完他的菜後便問喝什麼，有的則會教導員工在同桌所有人都點了菜後才問各人的飲料。兩者都可接受，**但是同一家餐廳有兩種做法會令客人感到缺乏連貫性和不統一**。因此，一家成功的餐廳要有 **SOP（Standard Operating Procedures），即標準作業程序**。

首先，餐廳店主應編寫好一份員工手冊，**提供清晰的指引給員工**，諸如點菜流程、服務流程等。員工手冊應越清晰越好，並請員工依照程序做一次，手冊的內容務必易於明白，令人一看就懂，以及**避免使用含糊和過於主觀的字眼**，例如「有禮貌地對待顧客」。各人對「禮貌」一詞的解讀可能有所不同，手冊內可具體列出員工面對客人時，應作出的有禮貌舉動，例如歡迎或歡送客人時，要 90 度鞠躬、面帶笑容地向顧客說「午安 / 晚安 / 再見」，平時站立要將雙手放在兩旁等。

手冊最好附上真人或以圖畫示範站立和打招呼的姿勢。

7 Profit（利潤）

營業額和利潤有很大的分別。有些店鋪只懂提升營業額，而忘記過程所付的代價，導致得不償失，高營業額卻要蝕本。所以，**決定銷售目標時要做好財政預算**，了解各方面的開支，並嘗試減低不必要或過高的支出。經濟不佳時除了「節流」，還要「開源」，拓展業務、開發新菜式等都是有效的方法。

價格與利潤是息息相關的。菜式的價格影響利潤，但是單靠好的定價不能帶來利潤，要做好首 6 個 P 及控制開支，餐廳才會成功。7 個 P 之間環環緊扣，如產品會影響地點的選擇、人事影響過程、推廣影響利潤等。7 個 P 當中並沒有較重要或不太重要的 P，相反若**其中 1 個 P 做得不妥當，其他 P 也會大受影響**。

做對 7P，利潤自然來！

CHAPTER 3 第三章

打造創新菜式
的4大秘訣

受歡迎的菜式

受歡迎的菜式組合往往能夠吸引客人，刺激他們食慾和消費意欲，心甘情願地支付較高的價格以品嚐美食。可是，怎樣做才能制定一個好的菜式組合？只要做足以下 5 點，便能輕鬆打造人氣菜式組合。

1 創新菜式，打響噱頭

創新菜式往往能夠引起客人的好奇心，令他們留下深刻印象，吸引他們光顧，在眾多餐廳中突圍而出。當他們覺得菜式美味具特色，便會推薦予親友，達到口耳相傳的效果。打造創新菜式的方法主要有 4 個，分別是**利用不同的食材配搭、使用特色餐具、以不同的方式展現菜式和改變烹調方法**，詳細內容將會在下一節介紹。

2 難以在家中烹調菜式，唯有外出用膳才能品嚐

客人平日家中所吃的菜式往往是容易烹調的住家菜，因此他們出外用餐時，期望可品嚐到有別於家常菜或在家中難以烹調的菜式，如鐵板燒、燒味、鹵水食物、片皮鴨等**需時烹煮、製作方法複雜，或醬汁難以調配的菜式**。對比家常菜，這些菜式較受客人歡迎。

片皮鴨製法繁複，難以在家烹調。

鐵板燒所需的烹調工具一般家居不夠空間容納，加上它講求鑊氣，在燒煮的同時也產生不少油煙，顧客寧願選擇到餐廳品嚐。

3 物以罕為貴

肉質飽滿的紅噹噹龍蝦漢堡。

利用罕見食材如龍蝦、鵝肝、金箔等不僅使餐廳更具話題性和吸引客人，還能提高菜式售價，令客人感到物有所值，刺激客人消費欲，餐廳的營業額因此有所增長。New York Diner（美式餐廳）所推出的竹炭麵包，外形獨特，而且美味，為客人帶來新鮮感，成功吸引眾多客人一嚐。

新穎的竹炭麵包魅力黑不可擋。

4 要抓住客人的胃，必先開其胃

不少店主認為開胃前菜的銷量偏低、無利可圖而忽略它，然而許多前菜都能**帶給客人清新的感覺及有開胃之用**，挑動他們的食慾，進而點選更多美食，增加消費額。普遍中式前菜以附送方式予客人，主要是酸薑、花生、涼拌青瓜和木耳等，而西式前菜大多以隨餐附送方式給食客，或是客人自費選購，大多是沙律、煙熏三文魚、風乾火腿、芝士等為主。

開胃冰凍的皮蛋，令人食慾大增。

營養豐富的沙律，為你帶來清新的味道。

5 精緻賣相，倍添奢華

賣相精緻不但提升菜式美感，吸引客人，讓他們覺得菜式矜貴，願意花費一定的金額於這菜式上，店鋪從中賺取更多利潤。改善菜式賣相方法可以很簡單，如**運用醬汁在碟上畫上精美花紋、在碟邊灑上一些香草、加入雕刻的食材、將菜式做成各種精美圖案等。**

以玫瑰花為形的菜式，深受「相機食先」的女性歡迎。

食物以心型作為造型，可表達愛意。

運用醬汁在碟上畫上精美花紋，令食物的賣相更加美觀。

創新菜式可作為一間餐廳的招牌菜或賣點，增加客流量。可是，研發創新菜式對許多烹飪經驗豐富的廚師來說，並非一件易事。其實，只要掌握以下 4 個小技巧，任何廚師都能輕鬆研發新款菜式。

1 食材搭與配，顛覆傳統

廚師可以**從食材的營養價值、色彩、味道 3 方面入手**，利用不同的食材組合配搭出新穎菜式，從中挑選出最能吸引客人和美味的菜式，推出市面。如 BurgeRoom 原創的軟殼蟹漢堡，有別於傳統利用牛肉和豬肉所製作的漢堡，反而將新穎的軟殼蟹和漢堡結合，令客人品嚐到不一樣的滋味漢堡。這創新漢堡已成為該餐廳的招牌菜，並受到眾多飲食雜誌與客人追捧。

行內人 Tips：

1. 菜式應根據供應商所提供的食材配搭出來。
2. 採用時令的食材。

原隻軟殼蟹漢堡，既高檔又美味。

可樂配豬扒，香甜鬆化。

2 特色餐具增添用餐趣味

使用外形獨特或是符合餐廳主題的餐具，既能突顯餐廳主題，又可為客人用餐體驗增添趣味。廚師還可**利用食材棄置的部分用作食物的器皿**，如菠蘿炒飯、冬瓜盅、荷葉飯等，令菜式變得富有特色，且帶給客人原汁原味的感覺。

利用菠蘿和荷葉作炒飯的器皿，為菜式增添香味。

3 創意展示，相機食先

以誇張創新的方式將菜式呈現予客人，能帶給客人驚喜和新鮮感。以 Urban United Burger & Bar 的海豚灣小漢堡與梳打為例，這款菜式將 2 個小漢堡製作成串燒，並將 2 串小漢堡與梳打飲料結合，創造出一種全新菜式，大受客人歡迎。客人在點選這款造型誇張獨特的漢堡後，紛紛拍照留念，並上載到社交網絡，為餐廳帶來免費宣傳，大大增加餐廳的名氣。

結合既吃得，又喝得的菜式。

一款甜品，三重享受。

「串」到上天花板，什麼串燒可以比它更「串」得起？

4 創意烹飪，打破菜式刻板印象

現代先進科技可以在飲食界掀起一場革命？近年在香港新興的**分子料理**，便是利用化學原理與現代化的科技，將食物的分子分解重組。運用創新技術改變食物的固有形狀，打破客人對菜式的刻板印象，成功為顧客帶來無盡的驚喜。

廚師紛紛成為烹飪界的魔術師，以分子料理方式將食物變出無窮的可能性。

此外，廚師亦可烹調具創意的 **Fusion 菜**，將各國的菜式與烹調手法結合，打造創新菜式吸引客人，例如以泰式酸辣醬製作而成的薄餅、韓式泡菜三文治等。

一款菜式，多國風味。

行內人 Tips：

1. 廚師研發創新菜式時，應考慮餐廳的廚房設備能否配合菜式的烹調。
2. 注意創新菜式的烹調時間會否過長，以免影響出菜的速度。
3. 注意菜式能否根據 SOP（Standard Operating Procedures）烹調。
4. 成功研發新菜式後，餐廳不應着急把它加入到餐牌，可先當作限定菜式在餐廳推出，並觀察顧客的反應。如果很多顧客表示喜愛該菜式，便可成為常設的菜式了。

食物味道標準化

一間餐廳的質素不單取決於食物味道，還有**味道的穩定性**，食物味道不應受任何因素而改變。如餐廳不能維持水準，顧客是不會給予第二次機會。因此，要妥善管理餐廳，必先做好標準化，標準化是指任何人做同一樣的餐品都有統一的味道。要達到標準化，必須寫好 SOP（Standard Operating Procedures），即標準作業流程，以下是其中一個 SOP 的範本：

標準配方			
P2 番茄手工肉丸長通粉			
	材料	單位	數量
主要材料	長通粉	克	
	香辣番茄醬	克	
	肉丸	粒	
	西蘭花	件	
	椰菜花	件	
	甘筍角	件	
	本菇	克	
	蒜片	克	
	乾番茜碎	/	少許
	九芽菜	/	少許
烹調方法			
1. 平底鍋待熱後倒一些橄欖油，先炒香蒜片、甘筍角和本菇； 2. 加入長通粉、香辣番茄醬和肉丸攪拌 2 分鐘，上碟； 3. 加上西蘭花、椰菜花、乾番茜碎及九芽菜作裝飾。			

標準作業流程的 3 個重點

1 減少個人經驗 / 背景的影響

餐廳不應過分依賴大廚來維繫食物的質素，一旦大廚的個人情緒起伏不定，或是生病未能工作，菜式的質素便受到影響，令客人失望。假如大廚辭職，餐廳更會面臨大難，無法正常營運。曾經有一位餐廳老闆因過分依賴大廚，遭大廚要脅，以辭職為由，要求提高他的人工和按他的意思辦事，在這種情況下，老闆為了令餐廳如常運作，只能被迫就範，導致「老闆」二字名存實亡。因此，餐廳必須要做好標準化，要有詳細的 SOP，令所有廚師都能根據 SOP 輕易做出質素穩定的產品，不會受到個人經驗或技術影響。

只要有詳細的 SOP，誰也能烹調出高質素的菜式。

2 減少現場即時調配的時間

醬汁是決定菜式味道的關鍵之處，好的醬汁能帶出食物的鮮味，為菜式帶來更多的變化，但醬汁調配並非易事，每位廚師都有自己獨有烹調醬汁方法，導致同一種醬汁，由不同廚師烹調，味道都會有所差異，難以做出一致的味道。

好的醬汁能夠突顯菜式的味道。

如想達到醬汁味道標準化，就要**減少現場即時調配的時間**。在場調配的時間越長，調配出不合標準的醬汁和食品的機會便會越高。減少現場即時調配的時間，有以下 3 種方法：

簡化程序

調配的程序不是複雜就好，相反，簡單的程序可令所有廚師調配出標準而美味的醬汁與食物。**簡化不需要和繁複的程序**，能減低廚師犯錯的機會，以及縮短調配的時間，更容易達到醬汁味道標準化。簡化程序方法很簡單，就是多用半製成食品。

中央工場

如資金允許，或打算於不久的將來拓展業務的話，可考慮**設立中央工場**。它可大規模地製造醬料和食物供不同分店加工和處理，不但減少處理菜式的時間，達到標準化，大批製造和加工食品能減低材料上的開支。**醬汁和食品的質素穩定**，亦令客人對你的餐廳有信心。

機器協助

店主亦可**善用機器**來協助烹調，能減低店鋪對人手和技術的要求，並減少在場調配的時間。

先進機器大大減低烹調的時間。

3 清晰指引

廚師研發菜式時，必須清晰記錄每一款菜式的用料、製作步驟及所需時間等，令往後廚師可參考食譜，煮出同樣味道的菜式。食譜也須與時並進改良，按市場的需要和潮流調節。除運用文件作指引外，員工還須接受培訓，熟習工作標準。

大廚的角色跟以往不同，不再是領導者，而是監督者，監察員工及確保其他廚師沒有犯錯成為主要職責，並執行店主的指令。另外，他們只會提供煮食上的意見，餐牌方面與市場部、採購部、營運部的同事通力合作，共同編製。

資料詳盡的食譜令新手也能烹調出五星級的菜式。

大廚從旁提供烹調的意見。

餐牌的誘惑，挑出食慾來

餐牌是向顧客展示美食及傳遞餐廳品牌的重要橋樑，設計應以清晰、一目了然為主，而**招牌菜與高利潤的菜式應放置在餐牌首兩頁的當眼位置**，並附上**大量令人食指大動的食物圖片**，讓客人更易看到，從而了解食物的賣相和聯想其味道，增強他們的消費意欲。而菜單則要根據餐廳所在地區市民的需要來設計，以山頂餐廳為例，因山頂居民的平均收入較高，追求生活享受，所以菜單應以高檔罕見的食材為主，並由名廚烹調，菜式定價可以比其他地區進取。

色香俱備的圖片餐牌，令人食指大動。（餐牌由 food-menu.com 提供）

推出應節餐單，增添節日氣氛。

餐廳不能一年四季重複使用同一張餐牌，餐牌 1 日內須轉換 3 至 4 次。除早餐、午餐、下午茶、晚餐、甜點（如適用）的餐牌外，亦應把握節日假期，推出應節餐牌，吸引顧客。香港受歡迎的假期節日包括除夕及新年、農曆新年、情人節、復活節、母親節、父親節、中秋節、萬聖節、聖誕節，這些假期雖以西方節日為主，但食客亦會因西方假期放假，增加出外用膳機會，中餐廳有機會因客流提升而受惠。餐廳應因應狀況推出不同的餐單、菜式、價錢優惠，如情人節時推出燭光晚餐，聖誕節則推出聖誕大餐，包括火雞、聖誕布丁等，由餐牌開始帶給客人節日氣氛，提高客人的消費意欲。

CHAPTER 4 第四章

餐廳地點如何選

錯選店鋪地點是其中一個餐廳店主常犯錯誤，一旦選錯地址，店主就不能作出任何改變，直到租約完結。餐廳選址是決定餐廳成敗的最重要一步，好的地點能為餐廳帶來源源不絕的客人，相反位置欠佳的店鋪可能令餐廳因營業額不足導致虧損，因此**選址不可馬虎**，必先審慎衡量得失。

選址第一步——決定地區

首先你要決定餐廳地區，每區都各有它的顧客和特色，租金與環境亦有差別。普遍來說，人流密集的地區租金自然會較高，店主應按自己經濟狀況、目標顧客比例、餐廳需要等決定選址地區。

地區主要可分為 5 類：

1 商業區：城市中的三高地區

例子：中環、金鐘

商業區乃是城市內商業活動最頻繁的地區，其主要客群為**高收入、高消費水平的白領及專業人士**，亦有不少一線商場、名牌店鋪和高級餐廳進駐。不論平日或假日，商業區都有可觀的人流，深受中產與上流社會的歡迎。

該區客人大多講求卓越生活，追求高質產品，對餐廳環境與食物質素都有頗高要求。商業區所開設的餐廳一般以高級餐廳為主，其裝潢優雅富品味，切合白領和專業人士的高尚形象，而且其食物講究賣相精美，味道也要可口美味。

商業區租金高昂，故在商業區開設餐廳的店主需有充裕資金，才能承受租金帶來的財政壓力。由於商業區人流多，位置便利，經常出現租金上漲的問題，很多**業主都會在約滿後大幅加租**，幅度甚至有機會 1 倍或以上，對餐廳經營影響甚大，所以店主在決定選址時，同時要留意加租的問題。

雖然商業區租金高昂，客人要求高，但客人也願意支付較高的價錢享受美食，使每一道菜式的純利大幅增加。只要高檔餐廳能夠提供舒適的環境和品質佳的食物，便能在商業區屹立不搖，打響名堂。

商業區的租金和平均消費頗高，開店前要謹慎。

2 住宅區：街坊生意，實惠親民最實際

例子：深水埗、屯門

住宅區內餐廳一般**以街坊食客為目標顧客**，他們對食物要求比商業區顧客略低，只要餐廳舒適、菜式美味便足夠。他們消費水平不高，**喜歡到性價比高的餐廳用餐**，茶餐廳或快餐店等平民化的餐廳較適合在住宅區開業。因香港人的生活節奏急速，工作忙碌，很多人都未必會在放工後親自下廚，主要出外用餐，這為住宅區內的餐廳帶來龐大客源。

如想在住宅區站穩陣腳，除菜式**價錢實惠**之外，亦要**與街坊打好關係**。店主可經常跟客人打招呼和交談，增加他們對餐廳的親切感及再次光顧的機

會。一旦他們習慣了在你的餐廳用餐，便會變成你的忠誠客戶，不會輕易變心。

因為住宅區的客源不絕，吸引眾多創業者在區內開設餐廳，導致**餐廳競爭激烈**，可能會有數間相同類型餐廳出現在同一條街道上。想要從中脫穎而出，單靠平價是不足夠，餐廳菜式性價比一定要高，而且要有其獨特之處，食物要與別的截然不同，客人才會印象深刻，再度光臨。

行內人 Tips：

創業者可到區內超級市場或街市進行調查，了解居民經常購買的食材，從而判斷他們的喜好，製作出令人喜愛的菜式，使餐廳吸引更多客人。

住宅區的餐廳要顧及居民的需要。

3 鬧市：人流密集，與速度競賽

例子：旺角、銅鑼灣

鬧市和商業區相似，同樣交通便利，人頭湧湧。不過鬧市的客群較廣，各階層人士均會到此消費。創業者只要**專注一至兩個客群，不要嘗試大眾營銷（Mass marketing）**，試圖令餐廳菜式滿足所有客群的要求，造成餐廳定位模糊，不能針對個別客群口味製作出最合適的菜式，導致餐廳失去特點。

鬧市人流多，故租金會較昂貴，但在此開業的餐廳**迴轉率也較高**，可銷售至更多客人，令餐廳營業額相比一般住宅區餐廳為高。如果餐廳能夠售賣美味具特色的食物，很大的機會透過高迴轉率抵消高昂的租金，並賺取利潤。

鬧市營運餐廳講求「速度」，上菜要快，客人也要吃得快，所以鬧市中有不少快餐店和茶餐廳。鬧市的餐廳價錢範圍也較廣，有很多廉價餐廳，只要於鬧市中探索，亦能發現不少位於樓上或商場內的高級餐廳。

鬧市的人流眾多，餐廳要把握機會轉人流為客流！

4 工廠區：滿足上班族，重量不重質

例子：觀塘、荃灣

工廠區的餐廳重點顧客多為在工廈上班的**白領和工人**，他們要求餐廳**乾淨**，對食物質素**沒太多要求，只要分量足，經濟實惠**，可以在短短 1 小時內完成午餐，無阻上班，做到以上數點便可吸引上班族光顧。

創業者要多加留意，雖然工廠區平日早餐和午餐時段有一眾上班族光顧，但是在他們下班後或放假時，人流會大幅削減，餐廳可能變得冷清。故創業者考慮在工廠區開餐廳時，要有心理準備，並要判斷餐廳是否可以通過早午市的生意賺取足夠利潤。

因為租金便宜，所以吸引不少餐廳選擇在工廈開業，但由於餐廳位置較隱蔽，只有在附近上班的才會知道它們的存在，導致餐廳銷售只能依靠一班熟客，難以吸納新客。此外，多數工廠區餐廳都會提供外賣服務，為附近辦公室及工廠供應午膳，以增加銷量。

工廠區人流雖然不多，但勝在租金便宜。

5 學校區：學生哥食堂，大件夾抵食

校園餐廳主攻學生（青少年），其學校政策對餐廳的營運方案有重大影響，營運者應針對政策制定出相應的方案，方便調配資源。如以小學為主打目標，應開設小食店而非餐廳，因大部分小學並不允許學生出外午膳，午飯由學校提供，中學則可考慮開辦餐廳供學生用膳。

開業前應研究學生口味，鑽研他們喜愛的菜式，**價錢方面可以「大份抵食」着手，照顧沒收入卻正值發育期的學生**。學生用膳時間短促，餐廳須加快上菜時間，或提供外賣服務，節省學生走動時間。有些學校沒足夠座位供所有學生同時用膳，餐廳應考慮設立足夠座位供學生堂食。

營運者可在下課時間提供下午茶套餐與小食，為餐廳提供多一個增加營業額的方法。店主必須清楚，餐廳的營業額會因暑假關係學生不用上學，而大幅下降。

選址第二步——實地考察

決定開業地區後，便可進行店鋪考察，要判斷一間**店鋪是好是壞，須從多方面分析，包括店鋪附近人流、交通狀況、競爭者，以及街道形象、店鋪能見度和租約等**。忽略以上任何一個因素均可導致餐廳選址不當，影響營業額。

由專業人士陪同

進行店鋪考察時，**切勿心急衝動**，在視察過 3、4 間店鋪後，便急着下決定，因為這樣有很大機會選擇到不理想的店鋪。一般而言，要選擇一個好選址平均**須視察 20 間或以上的店鋪**，再仔細考慮，衡量各選址的優劣，才作決定。在視察的途中，店主能了解到地產行情，並透過這些行情判斷出店鋪的租金是否合理及位置是否適合開餐廳，進一步降低選錯地址的風險。

店主最好**在出牌師傅、裝潢工人、設計師和飲食顧問公司的陪同下視察店鋪**，能為你提供專業意見。出牌師傅和裝潢工人可以分別檢查店鋪能否獲批飲食牌照與水、電、煤的供應是否正常，設計師則可提供設計上的意見，而飲食顧問公司則能全面分析店鋪是否適合開餐廳，確保你能選擇到最合適的店鋪。

行內人 Tips：

在考察店鋪時，地產經紀可能從旁不斷遊說你盡快簽訂租約，以免被人捷足先登，失去一間優質的店鋪。他們可能對你說：「這店鋪有很多人都感興趣，如果你不能盡快下決定，可能會錯失良機。」他們希望令你感到很迫切，從而在沒有經過詳細考慮的情況下，便倉促簽訂租約。在這種情況下，店主應先保持冷靜，主動詢問專業人士的意見，不要被地產經紀左右你的思考，以免下錯決定。

人流等於客流？

店主們都有一種錯覺，人流多等同客流多，因此他們考察店鋪選址時，都只着重計算人流，而沒有考慮客流量的問題。正如地鐵站附近的店鋪，人流固然多，但願意駐足用餐的客人未必多，因大部分人都是前往乘搭地鐵，而非消費。曾有一位店主因看到行人天橋附近人流多，而選擇在鄰近天橋位置開設高級西餐廳，結果多數經過的人流都匆匆忙忙過天橋，根本沒有時間進店用餐，甚至連該餐廳門面都留意不到，最終導致餐廳結業收場，店主損失慘重，可見人流和客流沒有絕對的關係。

店主除了要留意店鋪附近的人流外，還要注意行人會否進入附近商鋪消費及他們的步行速度會否過快，導致他們不留意周圍的店鋪。要準確記錄數據需要**最少每星期 3 天**，包括平日（星期一至四）和假日（星期五至日），**從早到晚觀察，而且要連續 2 星期或以上**。在觀察期間亦要重點留意早、午、晚餐時段，令店主能預測到餐廳的銷量。

早上時段	上午 8 時至 11 時
中午時段	上午 11 時至下午 2 時
下午時段	下午 2 時至下午 6 時
晚上時段	下午 6 時至晚上 10 時

一所餐廳大多不能覆蓋所有時段，如咖啡店會專注早上和下午時段的客流，西餐廳則專注中午和晚上的時段，所以選定餐廳類型後，可**根據餐廳類型重點觀察不同的用餐時段**，以得出最準確的數據。

除了留意其他餐廳的客流和客群外，店主還須**留意其營業時間及顧客的人均消費（ARPU）**，了解該區的特性。如附近的餐廳在中午才營業，便要分析箇中原因，多作調查。在一般情況下，街道上大部分餐廳早上不營業，往往證明街道早上人流偏少，早餐時段能賺取的利潤頗微，不太適合以早餐為主的餐廳。

交通狀況

餐廳地點須交通便利，**最好可在 15 分鐘內從地鐵站或巴士站到達**，而且附近設有停車場，方便顧客專程來此用餐。雖然交通不便的地方租金會較低，營運成本下降，但客源也會相對減少，難以吸引其他地區的市民前來用餐。在巴士站前或地鐵站內的餐廳應以快餐為主，因周遭客人時間緊密，希望快速完成用餐。

餐廳應選在公共交通工具可容易到達的地方。

競爭者分析

競爭者可分為直接和間接競爭，**直接競爭包括與餐廳類型和價錢相似的餐廳**。例如，你要開設一間西餐廳，區內所有西餐廳都會是你的直接競爭者，直接影響你的利潤。你必須做好市場定位，以確保你的食物和其他競爭者有所不同，才能夠不受直接的競爭對手影響。不過，**直接競爭有時反而會有意想不到的效果**，即使那個地方有差不多類型的餐廳，顧客亦未必會長期光顧同一家餐廳。有時同一類餐廳反而有互補的作用，例如美食廣場（Food court）聚集相近類型的餐廳於同一個地方，餐廳集中有時有助增加客流，促進消費。

間接競爭是指與不同類型的餐廳競爭，以西餐廳為例，簡單來說就是西餐廳類型以外的所有餐廳。例如，一位顧客不選擇你的西餐廳，也不代表他會選另一家西餐廳，他可以選擇吃中菜或其他。雖然間接競爭者的影響力較小，但**也要留意間接競爭者的數量**。

街道整體形象

街道整體風格會影響到餐廳的形象，店主應根據餐廳的規模和定位選擇合適的街道開店。每一條街道都有其獨特的規律（Pattern），適合某一類型餐廳開業。整體時尚優雅的街道如香港黃金海岸、維港兩旁、名牌商業街等，適合高檔餐廳開業。店主在不合適的街道上開業，會令客人對餐廳定位產生誤解，影響餐廳客源。一間平民化的茶餐廳選擇在名牌商業街上開業，客人會覺得餐廳格格不入，對在那裏消費有所卻步。就算是開設平民化的餐廳，也要在整潔明亮的街道上開業，**不要因租金便宜而選擇在陰森的暗巷裏開店，避免令客人感到不適和缺乏安全感**。

在旺區開店給人便宜的感覺。

餐廳能見度

餐廳能見度是指餐廳地點的顯眼程度，店面和招牌必須做到清晰可見，不應被任何阻礙物如大型招牌或建築物遮擋，客人才能輕易看見和找尋得到，吸引入內消費。在商場內開業，客人會優先選擇就近易找的地方用餐，所以除非餐廳知名度高，否則不應選擇在角落、遠離電梯、高層等能見度低的地方開店。

行人天橋容易阻礙餐廳位置於視線。

於商場開店要選在顯眼光猛的地方。

最重要的決定，簽約前做足功課

如營運者不是擁有自主物業，或是準備購買一間店鋪，必然要和租約打交道，簽訂租約是一件重大的事情，事前要做足功課，**仔細閱讀租約的每一個細節**，並謹慎考慮，以免出現任何差錯，而蒙受損失。店主在簽訂租約前，要認真考慮以下 3 點：

1 租金

店鋪租金是選址的一大因素，**營運成本高低很多時取決於店鋪租金的多少，**

地理位置佳或人流多的地方往往租金都會較昂貴。創業者在選址時須考慮自己的預算和能否回本的風險，不要盲目追求最佳的店鋪位置，以免營運不善，導致入不敷出。

2 合約長短

簽約時要留意合約期限的長短，不應過長或過短，香港通常每 3 年簽約一次。如租約過短的話，會有業主不續約的風險，導致初期投資如機器的購買費用、店面裝潢的花費、牌照費用等虧蝕，白白浪費一大筆創業金。

3 加租幅度

創業者亦要考慮店鋪加租因素，**在簽訂租約前，可先向周遭店鋪詢問業主為人和加租幅度的情況**，以免在要續約時，被業主大幅度提高租金，導致餐廳經營舉步維艱。

無論是商場或街上，香港的店鋪租金都比其他國家高。

創業者在選址調查時，可利用以下表格，確保不會忽略任何一個重要的選址標準。

到訪日期：	到訪時間：
店鋪地址：	
業主姓名：	業主聯絡電話：
所在地區： □商業區 □住宅區 □旺區 □工廠區 □學校區 □其他	
店鋪位置： □商場 □樓上鋪 □地面鋪 □其他	
鋪面形狀： □正方形 □長方形 □不規則形狀	
鋪面面積：	
鋪面是否被建築物阻隔？	□是 □否 □一部分
樓齡：	
預計座位數量：	
水電煤供應是否正常：	□是 □否
上手店主結業原因：	
10 分鐘路程內是否有停車場？	□是 □否
距離公共交通工具站有多遠？ □0-2 分鐘 □3-5 分鐘 □6-10 分鐘 □11-15 分鐘 □15 分鐘以上	
競爭者數量（在 10 分鐘路程內）： □1-3 □4-6 □7-9 □10-12 □13 或以上	

附近餐廳平均客流量（平日）： 早餐時段（8-11am）：__________ 午餐時段（11-2pm）：__________ 下午茶時段（2-6pm）：__________ 晚餐時段（6-10pm）：__________	
附近餐廳平均客流量（假日）： 早餐時段（8-11am）：__________ 午餐時段（11-2pm）：__________ 下午茶時段（2-6pm）：__________ 晚餐時段（6-10pm）：__________	
租金：	租約年期：
其他事項：	
對店面整體評分（5 分為最高）： □5 □4 □3 □2 □1	

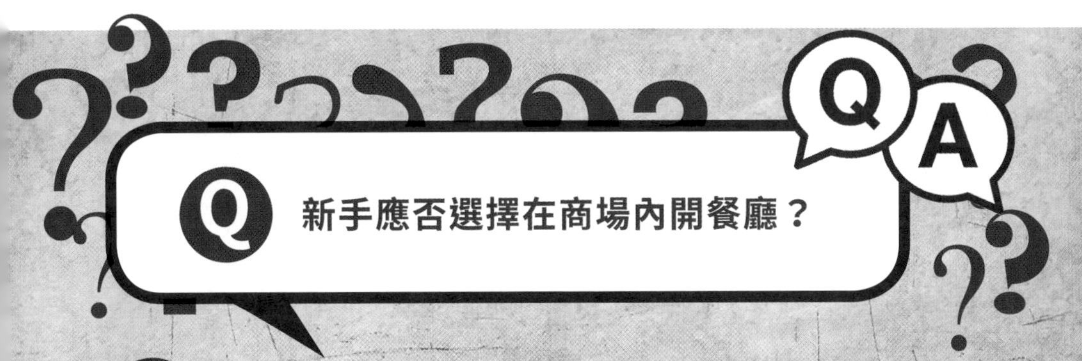

A 對於新加入餐飲業的創業者來說商場內開餐廳並非一件易事，大多數一線商場都會注重自己的品牌形象，它們會向能提升或配合自己品牌形象的商戶出租店鋪。如果餐廳想在商場開店，一般要向商場管理商提交報告，包括餐牌、菜式規劃、餐廳的定位、店主經營餐廳的經驗、管理層的背景、店面裝潢效果圖等資料，商場會分析餐廳是否切合其形象。對於初創業的店主來說，一線商場的要求的確過於嚴謹，難以通過其審核。因此不少店主只能選擇在街上開店或新開的商場內開店。

香港有不少一線的商場，但入場的門檻都頗高。

有時新開的商場會向有意租店的店主提供優惠，吸引他們租店，通常其店鋪租金較市價便宜，約市價的 7 成；然而，便宜的租金可能換來較高的風險。新開的商場可能定位模糊，其人流和客源類別都沒保證，很難判斷商場未來會否受歡迎，能夠為餐廳帶來龐大的客源。將軍澳某大型商場，定位失當而令商場人流稀少，該處開店的餐廳甚至錄得 1 天只有 5 位顧客的驚人數字，導致商場店鋪紛紛倒閉。直至 3 年後，第一輪的租約期滿，商場重新定位，吸引符合其品牌形象的店鋪在商場開業，才漸見起色，人流漸多。由此可見，新開的商場租金雖然便宜，但是新商場還在試驗階段，具有太多變數，店主在租店時要仔細考慮，避免血本無歸。

帶你避開店鋪選址的 4 大陷阱

1 店鋪面積大但地點欠佳

選擇店鋪的時候，**地理位置的好壞遠比店鋪面積大小重要**，人流多少很大程度上決定餐廳銷售額，就算一間餐廳面積有多大，但處於人流少、交通不便的地方，店鋪也不能滿座，最終銷售額會未如理想。

再大再漂亮的餐廳，沒有顧客也是枉然。

2 於空鋪多的街道上開店

空鋪多的街道，租金自然會便宜一點，但從顧客角度出發，**普遍對街道上僅存的店鋪存有一種錯覺**，誤以為那些店鋪經營不善，人氣不佳，即將面臨倒閉，而不願進店消費。

有些街道根本不適合開店。

3 店鋪形狀不規則

店鋪應是四四方方，正如買樓一樣，不規則形狀的店鋪難以進行空間規劃，用盡每一呎地方。

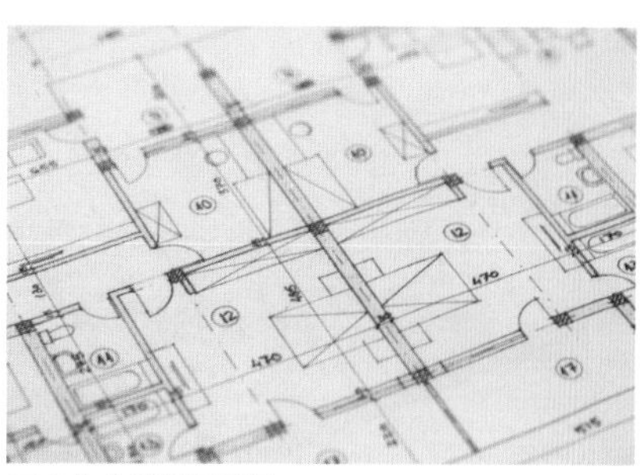

四方的店鋪較易規劃。

4 於舊區開店但不做好研究

現時香港有不少舊區正在重建，要於舊區開店，除配合餐廳的主題外，還要考慮該區是否在**短期內有清拆或重建的可能**，否則店主將會損失慘重。同時，店主亦應考慮附近樓宇結構和安全，看看會否有**倒塌和石屎脫落的危機**。

舊區或有清拆或倒塌的危機。

Q 頂手餐廳有何特別注意事項？

A 不少人會覺得頂手餐廳十分划算，能節省一大筆初期投資，如廚房設備的支出、餐廳的裝潢費用、員工培訓費用等，因而在沒有仔細考慮的情況下，便頂手餐廳。

首先，創業者要留意餐廳頂讓的原因，有時餐廳店主頂讓並不代表餐廳的生意差，可能因為店主想嘗試新工作或是因家庭問題而不能繼續經營餐廳，覺得頂手餐廳一定不能賺錢，而錯失商機。相反，頂手餐廳也不一定賺到豐厚的利潤，創業者不應過於自信，認為自己的營運能力比原本的餐廳店主高，可將營運狀況由未如理想變成起死回生，不顧頂讓餐廳生意差，一意孤行接手餐廳，導致頂手所需的資金因而血本無歸。創業者另須留意餐廳的客流量及向店主查看餐廳財務報表，以判斷餐廳的營運狀況，再決定是否頂手餐廳。

其次，創業者亦要留意餐廳的位置是否符合上述提及的 5 個選址準則，以免頂手一間位置欠佳的餐廳，不能賺取到預期的利潤，甚至是回本。

頂讓合約的條款亦是一個重要因素，創業者要留意合約中是否清楚列明廚房設備和餐廳用具包含在餐廳的頂讓當中，以免在簽訂合約後，才發現需要另行購買，白白花費多筆資金。

創業者在頂手餐廳的過程中要保持冷靜，不要受餐廳店主的言語影響，而草率決定頂手事宜。很多時餐廳店主會向想頂手的創業者說「你要盡快決定是否頂手餐廳，因為有許多人對餐廳頂手都有興趣。」、「如果你在今天不能給予我一個答覆，我便會將餐廳頂讓給另外一位創業者。」等，令創業者以為餐廳頂手競爭激烈，而急切地亂下決定，頂手了一間營運不善的餐廳。

CHAPTER 5 第五章

主題設計的成功要訣

具話題性的餐廳，容易吸引傳媒在開業初期熱烈報導，從而獲得一定的知名度，而且其營業額比一般餐廳為高，因此深受創業者歡迎。

Step 0
以興趣作為餐廳主題

餐廳的**主題應源於店主的個人興趣**，因為店主通常會對自己的興趣較熟悉，所以他們能在裝潢上提供更多的想法和意見，令餐廳設計更加完善和切合主題。要打造主題餐廳，可以從以下兩方面入手：

1 從裝潢入手

一提起主題餐廳便會聯想到富有特色的裝潢，而從裝潢入手打造主題餐廳是創業者最常用的一種方法。店主可先根據自己的喜好決定餐廳的主題如森林風、學園風、工業風等，再聘請裝潢設計公司設計餐廳，令餐廳的色調、風格、擺設、裝飾都能緊貼主題。

利用裝飾物塑造餐廳主題是最容易的一種方法。

2 從食品入手

主題餐廳不一定是有特別裝潢的餐廳，亦可以**專賣一種食品為主**。店主可先選定一種食品，再根據這種食品的味道和口感研發出不同的菜式，豐富菜單。經營主題餐廳並不容易，店主**要具備菜式研發的能力**之外，**亦要有一種秘製配方或煮法烹調食物**，令客人只能在你的餐廳品嚐得到那獨特的味道，才能吸引客人。位於尖沙咀專賣抹茶甜品的中村藤吉和位於銅鑼灣專賣吉列豬排的勝博殿日式炸豬排便是好例子。

以抹茶為主題的餐廳在香港十分常見。

Q 主題餐廳的初期投資需要多少錢？

A 一般而言，打造一間理想的主題餐廳最起碼需要 100 萬港幣或以上的初期資金，用作裝潢、購買設備和食材及聘請人手。

Q 主題餐廳的店鋪面積需要多大？

A 適合開主題餐廳的店鋪至少要有 1,000 平方呎或以上的實用面積，而樓面要擺放到至少 50 個座位。

門面設計，吸引客人的第一步

門面是餐廳靈魂所在，一般來說，客人平均**只有 3 秒留意店鋪門面**，而要在短短 3 秒內引起客人注意並非一件易事，要做到門面引人注目，吸引客人進店消費，店主要從以下 4 方面做起：

1 招牌能見度

招牌就如餐廳的名牌，顧客透過它認識餐廳的名字和種類，故應清晰易明，**字體最好使用正楷**，儘量避免潦草，以免客人因看不清楚而猜度餐廳的名字。此外，字體亦要夠大，至少能令**行人在 30 米外可識別招牌上的字**，而且字不應過多或過於密集，令客人失去閱讀的意欲。

在設計方面，要令客人眼前一亮，可從招牌用色和字體上着手。着色要跟鄰近招牌有所不同，避免失去特色，最好能夠令招牌用色和街道上的整體顏色形成強烈對比，令客人注視。字體方面，招牌的字不應過於死板，可以運用不同風格的字體，增添招牌的搶眼程度，例如將圖案與字體結合，或是使用斜體。還有，餐廳招牌**不能被外在環境影響**，不論風吹雨打，日曬雨淋，招牌上的內容也要清晰可見。

萬聖節於招牌上貼上南瓜圖案，既應節又美觀。

招牌以 LED 燈泡照明，在晚上清晰可見。

除門面的招牌，店主亦可**利用直立掛式、坐地直立或霓虹燈招牌與店鋪頂的大型 Logo 招牌，以增加曝光率及介紹特色菜式**。

巨蟹招牌成了該餐廳的象徵。

五光十色的霓虹燈招牌可以非常耀眼。

2 開放式設計

開放式的餐廳門面利用一整幅落地大玻璃，不單可充分**利用日光照亮店鋪**，節省電力，還令餐廳看起來更寬敞，**減少局促感**。此外，顧客亦可透過開放式的設計觀看到店鋪內獨特的主題風格與其他客人用餐的氣氛，使他們更安心進店用餐。擺放綠色植物可美化環境，令門面不會過於單調，帶給客人清新和輕鬆的感覺。

落地大玻璃引入日光，照亮餐廳。

開放式設計能增添餐廳的空間感。

3 門面裝飾品

門面裝飾品可使客人**辨識到餐廳類型及突出主題**，精緻的裝飾品讓他們對餐廳產生好的印象，如日式餐廳掛上日式紅燈籠，韓式餐廳懸掛韓式小型平安鼓等。適當利用各國特色擺設裝飾餐廳門面，不但可一眼看出餐廳種類，還令客人感到餐廳所烹煮的食物正宗，富當地味道。

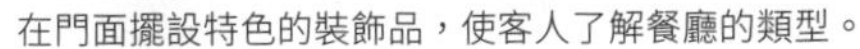
在門面擺設特色的裝飾品，使客人了解餐廳的類型。

4 門面接待處

餐廳滿座時，門面接待處向等待的客人派發輪候籌，使餐廳知悉客人到達的先後次序，有效率和公平地為客人安排座位，**避免插隊的情況出現而引發爭吵**。

餐廳可利用科技，使用電子取籌系統，除減低人手的需求，還能顯示已輪候的號碼，客人可估計大約輪候時間，從而決定會否等待下去。根據研究指出，如客人不清楚所需輪候的時間，便會感到等待時間特別長而不耐煩。因此使用電子取籌系統稱得上是一舉兩得，既解決客人輪候的次序，亦避免客人等得不耐煩。

派發輪候籌能減少出現插隊的情況。

顯示電子號碼能令客人知道輪候的情況。

室內設計，塑造嶄新主題空間

主題餐廳是香港飲食業的其中一個新趨勢，隨着社交網絡興起，越來越多人喜歡將餐廳和美食照片上載到網絡上，與朋友分享和紀念。因此，客人不再只滿足於一式一樣的餐廳，而是追求富有主題色彩，可提供一個特別的環境供他們用餐。要塑造受歡迎的主題餐廳，店主可遵循以下 4 個原則：

1 容易記得的主題餐廳特色

要稱得上成功的主題設計，首要條件要令客人留下深刻印象，**輕易辨認出餐廳主題和特別之處**，即使相隔多時，客人都不會遺忘餐廳的環境，只要一提起該餐廳的名字，便能輕易回想它的設計。此外，容易辨認的主題設計能增加客人再次光臨的機會，曾經有一間以校園為主題的餐廳，裝潢成一間化學教室，令客人在實驗桌上用餐，享受不一樣的用餐體驗。

在化學實驗室內享受美食，重拾上學的樂趣。

2 裏裏外外均一致

營運一間令人一見難忘的主題餐廳，其中一個方法是遵從一致性原則，不論菜式、餐具、餐單、音樂、裝飾、裝潢和員工服飾都要一致地符合主題，不可忽略任何一個細節或是混合多個主題，令餐廳「兩頭不到岸」。例如，一間日本餐廳長期播放着韓國的潮流歌曲，雖然日語和韓語讀音相似，並非所有香港人都能分辨這兩種語言，但是對於熱愛日本文化或韓國文化的人來說，這個小錯誤或令他們覺得餐廳不夠細心和盡善盡美。

3 突圍而出的差異化

差異化是指餐廳與餐廳之間不同的程度，而**差異化高的餐廳往往更能吸引客人**，在競爭激烈的餐飲業中突圍而出。就算是開一間主題餐廳，也要重視差異化原則，不要選取過於平凡普遍或廣泛的主題，令餐廳不能達到眼前一亮的效果，所以要適當選擇特色主題，餐廳才可與別不同，吸引客人光顧。

在「廢棄車場」內享受美式漢堡，別有一番風味。

4 想人氣爆燈？必先切合潮流趨勢

定下餐廳主題前，應先做好市場研究，了解潮流趨勢和顧客心理，為顧客打造一個理想的主題餐廳。

魔鬼都藏在細節裏

正所謂細節決定成敗，任何一個細節都可影響客人對餐廳的觀感和會否再次光顧的機會，所以店主應重視每個細節，盡力做到一絲不苟，做好每個細節能加強你的餐廳更具吸引力。

1 取一個具餐廳代表性的名字

餐廳名稱**能向顧客表達出品牌的概念和餐廳的類型**，一個好的名字可令客人印象深刻，有助客人口耳相傳，為餐廳增加不少宣傳機會。香港兩間最成功的本土快餐品牌「大家樂」和「大快活」，便是利用短短 3 個字分別傳遞出令客人用餐快樂和用餐快活的品牌概念，深入民心。New York Diner 則利用餐廳名稱，令客人清楚知道該餐廳走紐約風格，吸引想體驗紐約風情的客人到餐廳享受美食。

行內人 Tips：

店主可**用其他國家的文字代替餐廳名稱中部分的字**，如日式餐廳往往會用「の」代替「之」，令餐廳名稱更具日本風味。

2 餐廳 Logo 無處不在

餐廳 Logo 經常被店主所忽略，以為沒有任何用處，其實它是餐廳品牌的精華所在，**有助塑造餐廳品牌**，令客人一看見該標誌，便聯想到餐廳的名字和特色美食，吸引客人光顧，對宣傳有莫大幫助。好像著名咖啡品牌 Starbucks 便是將其 Logo 印在咖啡杯上，**增加其品牌的曝光率和名氣**，令更多客人慕名而來。餐廳 Logo 也可印在餐牌、餐紙、餐具、外賣膠袋、員工服飾等物品上，增加宣傳機會。Logo 上最好包含餐廳名字或簡稱，方便客人記認。當然，如果你的餐廳已大受歡迎（如 Starbucks），則可省略文字，直接以圖像作標記。

有店主可能覺得將餐廳名稱印在各種物品上，同樣達到宣傳的作用，不用花費時間親自設計 Logo 或是聘請設計師幫忙，但是圖像往往比文字更能吸引人，更容易令顧客留下深刻印象。

餐廳 Logo 最重要是有獨特個性，**能代表到餐廳的形象和品牌**。店主可以從餐廳名字或代表物品入手設計 Logo，參考例子有 Mcdonald's、Pizza Hut 和 La Kaffa Coffee。

外賣膠杯上印上餐廳 Logo，為餐廳帶來免費宣傳的機會。

從餐廳名字入手設計 Logo，是最常用和直接的一種方法。

3 音樂主導用餐氣氛節奏

音樂是**營造餐廳氣氛的重要工具**，不同類型的餐廳需要配合不同的音樂，才能發揮出音樂的最大用處。使用不適當的音樂會拖累餐廳的營業額，就好像在茶餐廳或快餐店內播放古典或柔和的歌曲，會降低客人的用餐速度，影響餐廳周轉率，利潤大大減少。而在西餐廳和法式餐廳播放流行歌曲或快歌，則會破壞餐廳浪漫的氣氛，不能帶給客人愉快的用餐體驗。

在選擇在餐廳播放的歌曲時，**須考慮歌詞和節奏**。

歌詞方面，歌詞所描述的場景和塑造的氣氛要與餐廳環境配合，如有關失戀歌曲不應在充滿浪漫氣氛的餐廳播放，以免破壞餐廳氣氛。

節奏方面，餐廳食物種類和周轉率是決定歌曲節奏的關鍵之處，**節奏快的歌曲應在快餐店、茶餐廳等要求周轉率高和較平民化的地方播放**，而節奏緩慢的歌曲則應在西餐廳、咖啡店等能令人放鬆心情、好好享受美食的地方播放。

4 燈光配搭，調節周轉率

不同色系的燈光**可影響客人的用餐速度**，有研究指出，**暖色系（紅、橙、黃色）的燈光令人感到興奮和溫暖，刺激客人食慾，加快客人的進食速度**；冷色系（藍、綠、紫色）的燈光則令人感到安詳，但會降低客人的食慾，並且令客人用餐速度變得緩慢。因此店主應按照餐廳類型選擇合適的燈光。快餐店和茶餐廳應採用暖色系或明亮的燈光，以增加周轉率，提高營業額，而西餐廳和高檔餐廳應採用冷色系或暗淡的燈光，以營造浪漫、安寧的氣氛。

暖色系燈光能加快客人進食的速度。

艷紫色燈光能塑造浪漫的氣氛。

5 代表餐廳主題的員工服飾

餐廳員工應統一穿着由公司派發的服飾，而且要時刻**確保服飾整齊乾淨**，務求在客人面前保持良好形象。如果是主題餐廳，店主考慮員工服飾設計時，亦可**加入一些主題元素**，例如以漫畫為題材的主題餐廳，員工服飾可參考漫畫中角色的衣着去訂製，讓員工打扮成類似漫畫的角色，服務客人。而且獨特的服飾亦能為餐廳增加話題性，吸引客人到餐廳拍照留念，甚至是吸引傳媒採訪，增加曝光率和知名度。

6 藝術繪圖融入餐廳角落

店主可以利用藝術繪圖如**塗鴉牆**代替淨色的牆身，使餐廳不會過於單調。繪圖牆身不但可以**為餐廳增添主題色彩，更能夠成為景點**，吸引客人拍照和用餐。

塗鴉牆由外國畫家親自繪畫，別具一格。

7 特色裝飾品

裝飾品除了**為餐廳增添美感**外，還能**突顯餐廳的主題**，色彩更加鮮明。

然而裝飾品並非越多越好，店主要選擇符合餐廳主題，**寧缺勿濫**，以免令餐廳的風格變得不倫不類，缺乏吸引力。以拉斯維加斯為主題的餐廳 Little Vegas 便善用裝飾品如骰子、撲克牌等，使餐廳富有賭場的色彩，令客人彷彿置身拉斯維加斯用餐一樣，有一個不一樣的用餐體驗。

利用骰子裝飾品放置牙籤，實用又貼切餐廳形象。

撲克牌上有 LAS VEGAS 的字眼，令人彷彿置身於拉斯維加斯賭場。

New York Diner 利用 NYD 這 3 個字母作為裝飾，既增添餐廳美感，亦令顧客記得餐廳的名字。

資料由亞太商業設計提案提供：
www.brandingworks360.com

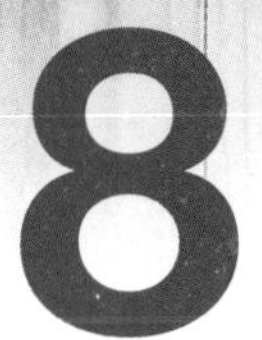

隱藏宣傳餐廳含義的餐紙

餐紙的作用是**避免客人弄髒桌子**，從而令餐廳員工可以快速收拾桌子，供下一轉客人使用，提高餐廳周轉率。然而餐紙還有另一個隱藏作用，就是宣傳。店主可以**在餐紙上印上各式各樣的資訊作為宣傳**，如放置菜式圖片可以吸引客人點選該菜式，又或者放置餐廳資訊如理念、品牌形象、歷史等，使客人更深入了解餐廳。

洗手間質素與餐廳衛生程度成正比

雖然洗手間和餐廳的服務沒有直接關連，但是**洗手間乾淨與否，卻會影響客人對餐廳服務質素和衛生情況的評價**。洗手間整潔美觀，能令客人覺得餐廳注重衛生，更加安心享用美食。相反，如果客人發現餐廳的洗手間過於髒亂或有異味，就算餐廳在其他方面都做得好，客人也會對餐廳產生負面印象，甚至對餐廳食物的衛生情況完全失去信心，沒有胃口繼續用餐。因此店主應經常保持洗手間清潔。

行內人 Tips——設計令客人滿意的洗手間：

1. 設計要與餐廳的風格符合。
2. 光度要足夠，帶給客人明亮舒適的感覺。
3. 整齊乾淨，沒有異味，沒有積水。
4. 男女洗手間的標示牌要有個性，能突顯餐廳的主題。
5. 洗手盆上的鏡子不能太小，須方便客人照鏡，整理儀容。
6. 地板要防水防滑，以免客人摔倒。
7. 貼上有趣的標語，提醒客人注重衛生和環保。
8. 洗手液、廁紙和抹手紙要充足，能提供廁板清潔液更佳。
9. 垃圾箱要定期清理，應放在門口和抹手紙附近。

洗手間明亮乾淨，能增加客人對餐廳的好感。

CHAPTER 6 第六章

空間規劃的
大學問

座位規劃與人體工學

座位規劃並非想像中簡單，不是隨便在樓面擺放足夠的座位就叫做座位規劃。座位規劃需要掌握許多學問，令餐廳空間感變得更大之餘，亦讓客人坐得更加舒服和減低員工與客人發生碰撞的機會。

1 座位多少 VS 影響客人舒適度

很多餐廳店主都以為座位的數量越多越好。事實上，不同種類的餐廳對座位數量的要求各有不同。餐廳座位的數量決定用餐人數，座位越多，空間感越擁擠，相對食物的價格會降低，因為有較多顧客分擔了餐廳的成本。因此，**餐廳要在舒適度和菜式價錢中作出取捨**，決定座位的多少。

餐廳座位數量可以用以下方程式計算：

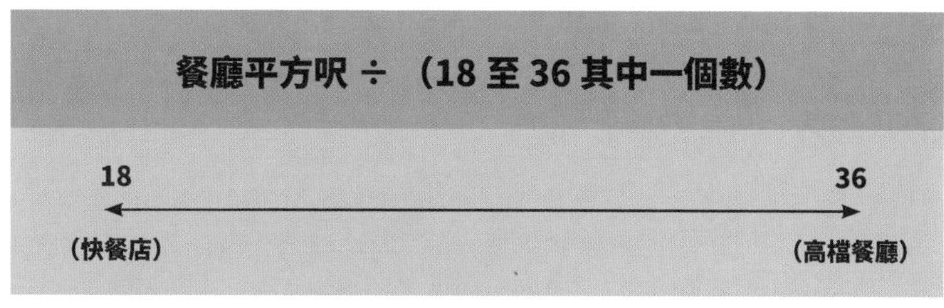

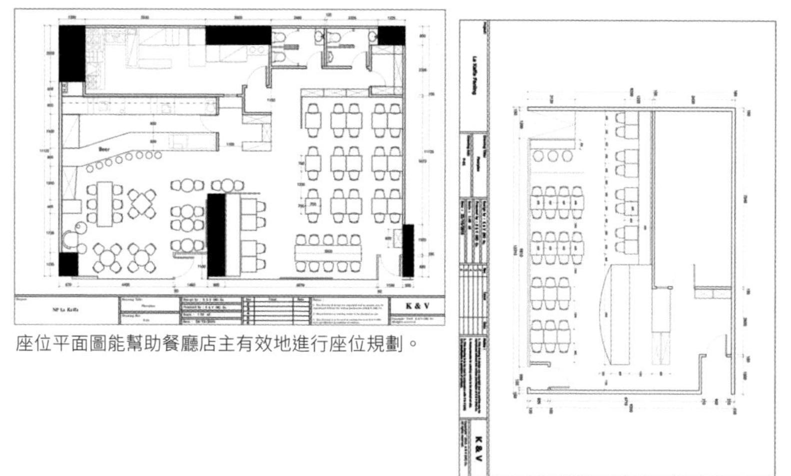

座位平面圖能幫助餐廳店主有效地進行座位規劃。

通常越高檔次的餐廳，客人需要的空間感和舒適度越大，所以餐廳座位數量相應較少。使用以上方程式時，除數應偏向 36。相反，廉價餐廳的座位數量較多，除數應偏向 18。店主須根據餐廳的級數決定除數的多少，計算出適合的座位數量，例如 1,000 呎包廚房的茶餐廳，座位數量是 50 個（1,000 除以 20）。

快餐店的座位較多，供多位客人一起用餐。

高檔餐廳的座位相隔得較分開，提供足夠的私人空間讓客人談天。

行內人 Tips：

店主可事先決定餐廳的座位數量，然後利用以上方程式找出餐廳所需尺寸，再去找尋合適的店鋪。

2 最佳用餐空間，決定桌椅尺寸

挑選餐廳桌椅的大小也存在一定的學問，通常桌子的高度約 740 至 800mm，椅子的高度則約 400 至 450mm，兩者高度最好相差 300mm。

寬度方面，每位客人所需的用餐空間至少寬 600mm，而最佳的用餐空間則是寬 760mm。至於長度方面就沒有特定的要求，一般而言，2 人桌的長度是 760 至 910mm。

餐廳的桌子**應以 2 人桌和 4 人桌為主**，根據研究所得，4 人或以下同桌用餐的機會大於 95%，換言之 2 人桌和 4 人桌足夠應付大多數的客人。若出現 4 人以上同行用餐的情況，餐廳可將兩張 4 人桌合併成一張 8 人桌。

另外，桌子的形狀**以正方形或長方形為佳**，因為這兩類的桌子容易拼湊，能夠讓多人同桌用餐。

	長（mm）	寬（mm）
2 人桌	760-910	610-760
4 人桌	1,070-1,220	760-910

4 人方桌是普遍餐廳會用的主要桌子類型。

餐廳廂座（卡位）提供客人足夠的私人空間，深受香港人歡迎。

3 餐桌擺放，整齊就過關？

許多餐廳店主都不太講究餐桌的擺放，只要整整齊齊便可。事實上，餐桌擺放有許多事項需要店主多加留意。

首先，餐桌與走道之間的距離至少要有 700mm，方便客人入席和離席。這 700mm 包含椅子長度、客人的膝蓋（500mm）和客人站立時推開椅子的距離（200mm）。

其次，椅背與椅背之間的距離要相隔至少 400mm，方便侍應走動和上菜，以及提供足夠空間方便客人推開椅子。

此外，出入率較高的通道，例如通往門口、廚房和洗手間等走道，應要寬敞，寬度最好保持在 1,000mm 或以上，減低客人與客人，以及客人與侍應間發生碰撞的機會。

最後，店主還**要考慮侍應和客人的走動路線**，不應在多人經過的走道放置任何桌椅，以免釀成擠塞。**容易帶起灰塵的地方如洗手間門前或是樓梯旁等亦不宜擺放桌椅**，以免灰塵污染食物。

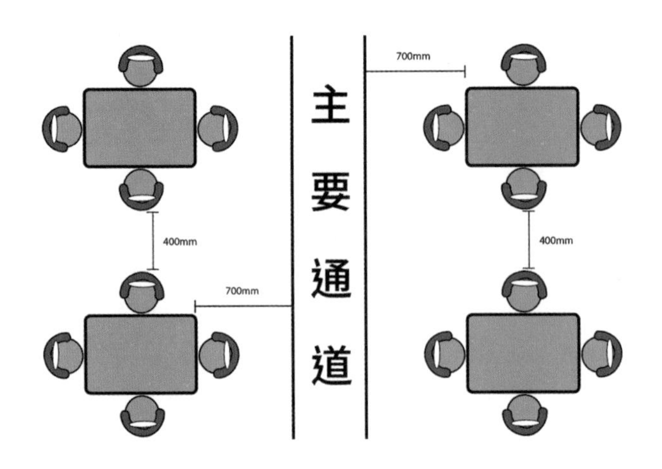

座位擺放的平面圖。

行內人 Tips：

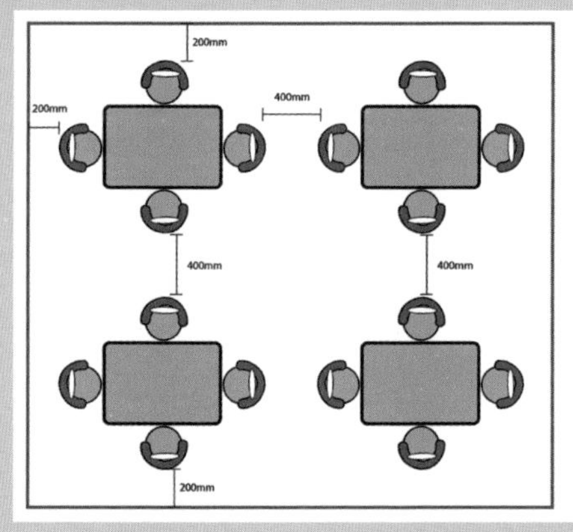

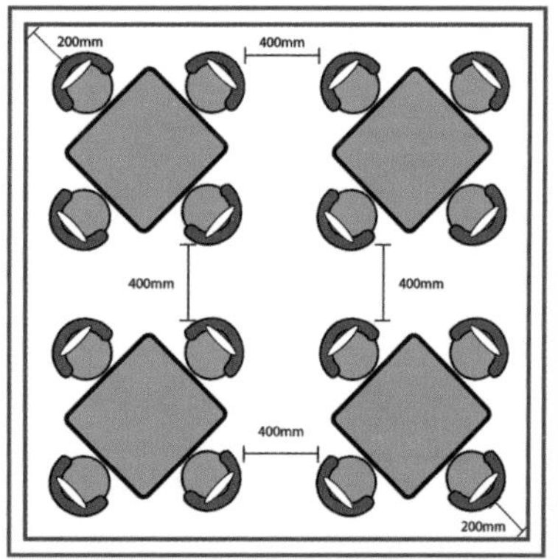

以 X 字形擺放 4 人桌比十字形更為節省空間，令餐廳走道變得寬敞。

紅色框是以十字形擺放 4 人桌所需的空間，藍色框則以 X 字形擺放 4 人桌所需的空間。由上圖可見，藍色框比紅色框小，X 字形的擺放方式較能節省空間，店主可多採用 X 字形擺放方法。

Q 如我對座位規劃一無所知，我應該怎樣做？

A 座位規劃包含許多學問，如店主不熟悉，應請教專業的餐飲顧問公司，尋求協助。通常他們會為你的店鋪製作一張平面圖，劃分了每個區域的位置和所需面積，以及座位的擺放方法，以作參考。

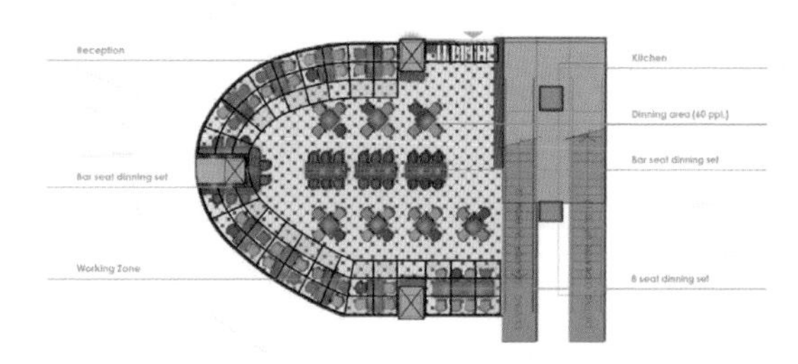

高效率的廚房設計

高效率的廚房設計能大大提高廚師的工作效率，加快出菜速度，減少客人等候的時間，同時提高客人的周轉率，最終達至提升餐廳營業額。

1 廚房動線流程

廚房動線要以方便和省時為主，**以提高烹調和上菜速度**。廚房動線主要有 3 個步驟，分別是**洗滌、備料和烹調**。餐廳進行廚房工程前，要以提高這 3 個步驟的效率為首要考慮因素，設計出令廚師省時省力的廚房。

廚房主要分成 3 個區域，包括食材儲存區、洗滌切菜區和烹調區，是許多廚師口中的「廚房金三角」。規劃廚房時，要將這 3 個區域緊密連在一起，**最理想的布置是將洗滌切菜區設於冰箱和爐具中間**，這樣廚師就不用來回走動，節省時間。

規劃好「廚房金三角」，能大大提高上菜速度。

要打造高效率的廚房，店主要注意「廚房金三角」各項細節，以下會詳細分析每個區域的注意事項。

洗滌區

1. 鋅盆的其中一側是切菜區和烹調區，而另外一側**應預留 500mm 或以上的空間**用來放置剛洗完的碗碟、餐具和食材，以免廚師花時間另尋地方放置。
2. **鋅盆底下的地方可以用作垃圾箱**，方便廚師扔棄沒用的食材和垃圾。
3. **鋅盆以方形為佳**，而鋅盆的大小則須根據廚房的面積而定。

鋅盆上方預留空間擺放碗碟，減少員工來回走動的時間。

鋅盆的一側預留 500mm 地方擺放和處理食材。

切菜區 / 主要工作區

1. 在洗滌區旁的切菜區要有足夠空間，最好**有 1,000mm 至 1,500mm，方便廚師切菜和備料**。
2. 一般而言，**餐廳會在廚房中央放置一張長工作枱**，提供寬敞的空間供廚師備料和裝飾菜式。這張工作枱設有滑輪，方便店主改造廚房時隨時移動到其他地方。

在中央設置一張長工作枱，方便廚師備料和裝飾菜式。

3. **避免在轉角位設置工作區**。雖然轉角位看似實用，廚師稍微轉身便可利用轉角位的左右兩方，但事實上在轉角位工作會構成不便，影響工作效率，加上轉角位的實用面積不大，難以清潔。

烹調區

1. 烹調區旁要**預留至少 500mm 空間**，供廚師將已烹調的菜式上碟。
2. 爐頭上要有抽油煙機抽走油煙。
3. **避免將冰箱和爐頭、焗爐等發熱用具放置一起**，減低能源消耗。
4. **設置掛牆式廚櫃或架**放置煮食用具，方便廚師找到所需用具。

2 廚房工程與人體工學

人體工學是指人和機械，以至周遭環境的配合，令工作變得更有效率和舒適。將人體工學和廚房互相結合，能使廚師工作更加得心應手，提高出菜速度。

器材擺放位置

香港男性的平均高度是 1,717mm，而女性的平均高度則是 1,587mm，若要便利廚師工作，工作枱和鋅盆的高度要比廚師的高度低 800 至 900mm。因應男女廚師高度的不同，所需工作枱和鋅盆的高度亦會有所不同。香港大多數廚師都是男性，女性廚師則屬鳳毛麟角，所以大多數餐廳訂造工作枱和鋅盆時，會以男性高度為準。**工作枱和鋅盆的高度大約是 800 至 900mm**，令廚師不用彎着腰工作。如有身高較矮的廚師或女性廚師，店主可於工作枱和鋅盆前放置一個小站台，這樣廚師的手腕跟枱的高度能夠保持一致，令他們可舒適地工作。

而**掛牆廚櫃的最高點不應高於 2,000mm**，避免廚師伸長手臂也拿不到工具。**工作枱下的櫃位最低點亦不應低於 600mm**，避免廚師要蹲下才能拿到所需的物品。擺放相關器材前，要**預留至少 400mm 的空間讓廚師站立**。

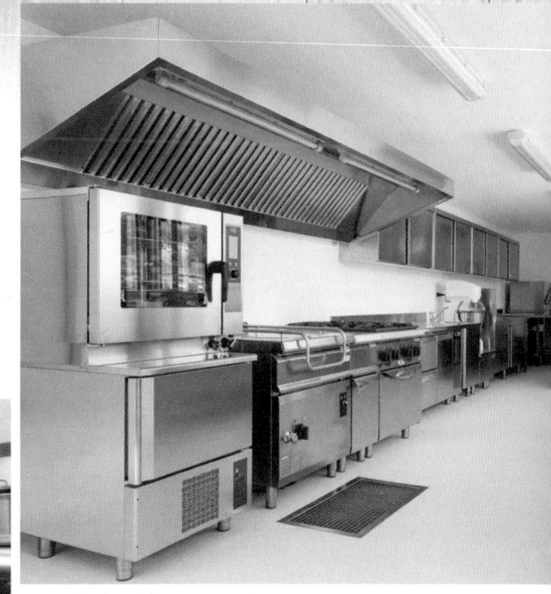

妥善規劃掛牆廚櫃和工作枱的最高點和最低點，方便廚師拿取用具。（food-kitchen.com 提供相片）

燈光照明

廚房燈光的處理不能馬虎，因為**燈光會影響食物呈現的顏色**，可能導致廚師在判斷食材的好壞、新鮮程度和菜式的色澤時出現誤差，最終不能選擇到最好的食材和烹調出最美味的佳餚。一般而言，廚房應採用能準確呈現食物原色的燈光如螢光燈。**廚房的燈光亦應儘量與用餐區的燈光一樣**，令客人看到與廚師一致的菜式色澤。

採用螢光燈，準確呈現食物的顏色。

廚房亦可利用自然光照明，減省電費。**工作枱和烹調區上設置足夠的燈光**，讓廚師安心烹調美食。

爐頭上添置燈光，讓廚師能在充足光線下烹調。

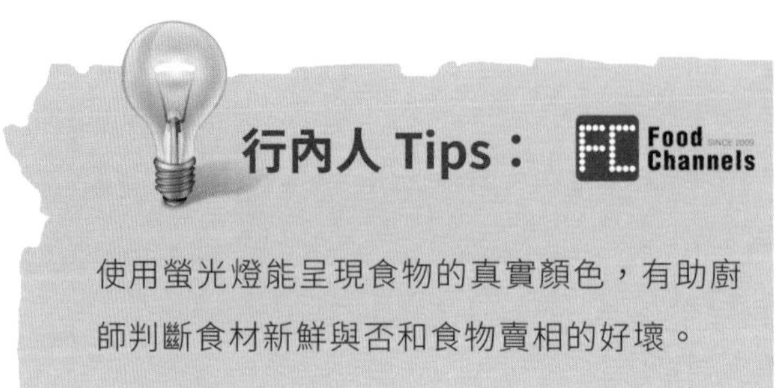

使用螢光燈能呈現食物的真實顏色，有助廚師判斷食材新鮮與否和食物賣相的好壞。

通風系統

餐廳要確保廚房的通風系統運作暢通，**能夠有效地排走廚房內的水氣、油煙、熱氣、煤氣**等氣體，保持空氣流通，以免廚師出現缺氧頭暈和中暑的情況。一般而言，廚房通風系統可分為自然通風和機械通風。自然通風是利用由廚房內外的溫差引起的對流氣流，將室內的氣體通過門窗排放出室外；機械通風則是利用排氣扇將氣體抽出室外。由於機械通風能達到更佳的通風效果，所以大多數餐廳都會使用。

廚房的爐頭要**裝置強力的抽油煙機**，將烹調所產生的油煙第一時間排出室外，以免油煙在廚房流通，黏附在廚具或廚房設備上，以致難以清潔。

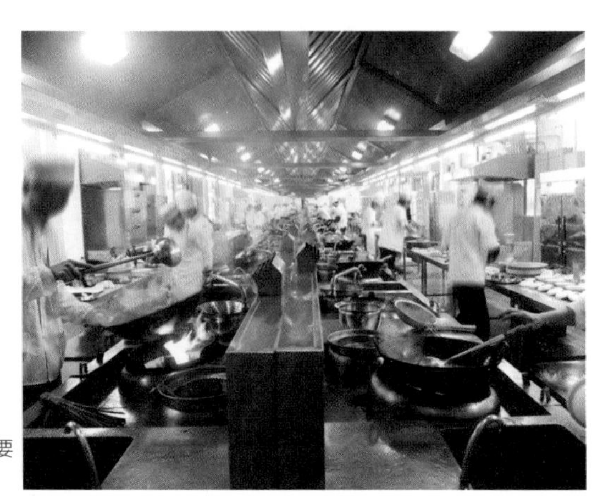
煮食時會產生大量油煙，需要強力的抽油煙機抽走油煙。

廚房溫度

廚房溫度應保持在室溫（25 度），濕度則應保持在 65%，這樣廚師才能舒適地烹調菜式，不會因溫度太高而汗流浹背。

採用高效能的廚房用具，既能降低能源消耗，亦可保持適當的廚房溫度。因為高效能的廚房用具如焗爐、蒸爐等大多是**密封式設計**，防止熱能流出，十分省電。香港多間知名飲食企業如太興飲食集團、稻香集團等均已採用高效能的廚房用具，節省煮食時間的同時提高出菜速度。

排水系統

廚房煮食和清潔碗碟會製造大量污水，要避免污水堆積，廚房需要有良好的排水系統。廚房的**地下可設置排水槽**，方便員工清潔地板之餘，亦能防止地面濕滑會令廚師滑倒。地板的設計應以防滑和易於清潔為主，而且**可稍微傾斜 10 至 15mm**，有助於將污水引到排水槽。

煮食後的油脂不應直接倒入鋅盆或排水槽內，以免堵塞排水管，出現污水倒流。**油脂應獨立放置於廢油桶內**，當廢油桶滿載時，就可直接交由回收商處理。

廚房排水槽有助廚房清潔。

煮食後的油脂要存放在廢油桶內。

3 廚房機器設備

廚房機器設備應以**高效率、實用、耐用和安全**為主。

高效率方面，店主應購買先進和具備**高能源效益**的設備，以加快烹調速度和節省能源。

實用方面，店主應**根據廚房的實際需要購買足夠的設備**，不要以「人有我有」的心態，購買一些佔地方而沒有用處的設備，白白浪費金錢和廚房空間。店主可參考廚師的意見，或根據餐廳菜式的製作方法，購買合適的設備。

耐用方面，廚房設備須能**防水和耐熱**，最好是**不鏽鋼材料製成**，以免因設備生鏽而影響食物質素。設備應定期進行維修及保養，以延長設備的可用期限。

安全方面，廚房設備須**符合安全標準**，不應貪小便宜選購一些沒有安全保證的設備。此外，廚房須設有灑水系統和警示系統，以減低遭遇火災時的財物損失和保護員工安全。

購買合適的廚房設備，能大大增加廚師的工作效率。

CHAPTER 7 第七章

令人心動的定價

如何定價令顧客覺得物超所值？

餐廳其中一個主要任務就是吸引顧客消費，然而即使是已入座的顧客，也可能因各種原因而拒絕消費。要增加營業額，最直接的方式便是令客人認同餐牌上的食物和飲料是物超所值的。

消費者對任何產品都有「顧客感知價值」（Customer perceived value），**即顧客認為這件產品對於他的價值是多少（或有多少得益）**。舉例說，一瓶水對一個普通的香港人來說可能只值港幣 $4。因為水在香港普遍充足，不會有缺水的現象。假如一瓶水的定價為 $10，即感知價值低於定價，他們一定不會購買。可是，一瓶水對於一個在沙漠迷路、嚴重缺水的遊人來說是救命的泉源，一瓶 $10 的水絕對是物超所值。

同樣的飲料，不同對象都有不同的價值。

要促成顧客消費，須先要令到顧客的感知價值大於或等於定價。方法有兩種，一是降低定價，至符合顧客認為合理的價格（即 $10 減至 $4）；二是提高顧客的感知價值，將產品包裝到如沙漠泉源般珍貴，令顧客認同是物超所值。

令客人覺得物超所值，可從改良餐廳的產品和用餐環境做起。

1 明確的主題設計

本書詳述的主題餐廳設計除了吸引客人入內用膳外，還可以增加客人的消費意欲。一般而言，越高級的餐廳，客人對產品的感知價值就越高，只要餐牌上的價錢合理，客人自然會覺得物超所值。

良好的用餐環境如具藝術氣息、整潔的環境等，有助增加顧客的食慾。餐廳因此可為產品定一個較高的價錢。

整潔的環境、寧靜氣氛的環境都能增加客人消費意欲。

2 良好的用膳氣氛

美妙的音樂、精緻的員工服飾及餐具與優質的服務，可帶動客人愉快的心情，令客人覺得消費是物超所值。另外，充滿笑容的侍應生也讓客人對餐廳更有信心。

餐廳細節（服務、餐桌擺設等）一絲不苟，是令客人覺得物超所值的關鍵。

3 受歡迎菜式

以創新烹調及運用珍貴食材的菜式，會讓顧客產生物超所值的感覺。客人難以估計到菜式創新的價值，他們對產品的定價通常根據以往的經驗決定，對比餐牌上的定價和他們心目中的標準價，從而影響到顧客感知價值。然而對於創新的菜式的價值，一般客人都較難去衡量，只能與相似的菜式作比較，再將心目中的定價稍為提高。這種情況下，顧客心中只有一個大概的價位，未必是一個確實的銀碼，餐廳可藉此將定價調高。**現今食客喜歡追求新意，創新菜式正好迎合他們，也會刺激他們的消費意欲**。另外，這些菜式亦會成為餐廳的賣點和招牌菜式，吸納從未光顧的客群。

珍貴的食材泛指一般人於家中不會或難以自行烹調的食材，常見的例子有烤雞、龍蝦、蠔等食物。因為平時少吃和少買，顧客自然會提高其感知價值，從而增加消費，願意花高價享用這些菜式。

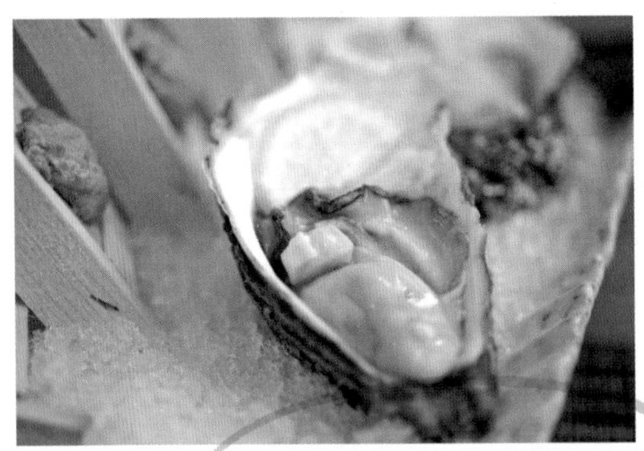

珍貴食材如生蠔、龍蝦等，均是受顧客歡迎的食品。

定價「心理戰」

除了改良產品和環境外，你還可以和客人打「心理戰」，從定價着手，令他們願意購買比他們感知價值稍高的產品。

1 價錢尾數為 8 或 9

不少餐廳和店鋪會把產品的價錢尾數定為 8 或 9。就以 $99 和 $100 的菜式為例，雖然兩者只有 $1 的差距，但由於 $100 是三位數字的價位，而 $99 則是兩位數字，所以客人會覺得 **$99 的菜式較 $100 的便宜**。加上，大腦處理加數的能力比減數強，90+9 比 100-1 較簡單，所以大腦就會自動在 $99 和 $100 之間製造距離。

很多餐廳的定價都是以「8」為尾數。

以 8 為尾數也是同一道理。由於 8 的發言與「發」相似，不少餐廳喜歡在節日餐牌上以 8 作為尾數。

再者，大部分客人在支付整數的鈔票時需要找贖。找贖不但予客人一種「有錢剩」的感覺，更讓客人有付小費的機會。

行內人 Tips：

FC Food Channels SINCE 2009

找贖時應將紙幣和硬幣「打散」，如須找贖 $10 的話，可用 2 個 $5 硬幣，這樣顧客較傾向付小費給侍應生。相反找贖是 1 張 $10 紙幣的話，顧客一般都會直接取走。

2 折中效應（Compromise effect）

假如你面前有 2 杯咖啡，價目如下：

大杯（L）	細杯（S）
$20	$15

你會選擇哪一杯？

有人會選擇細杯裝的咖啡，也有人會選擇大杯裝的咖啡，視乎不同人的喜好和需要。

現在，我們加多一個選擇，價目如下：

加大杯（XL）	大杯（L）	細杯（S）
$30	$20	$15

大家會覺得，加大杯裝的咖啡太貴了，都是要大杯。實驗證明，我們只是多加一個選擇，就令大部分人都會選擇大杯裝的咖啡。這個現象早於 1989 年便由西蒙森教授（Itamar Simonson）在《消費者研究學報》中提及。**大杯的價錢並沒有改變，顧客選擇的原因是他們都會選擇「中庸之道」**。同一個道理亦可於日常生活中看到，蘋果公司出售 MacBook 時一般都有 3 個選擇提供予消費者，由性能最低但價格最便宜的，到性能最高價格亦最貴的。顧客除非有特殊需要或喜好，否則一般都會選擇中間價的 MacBook，認為性價比最高。

因此，**假如你的餐牌可供顧客選擇不同大小的菜式或飲料，只要多加一個高價的選擇，就能輕易令顧客捨棄最便宜的選擇而轉向中價的選擇了**。

3 不要將菜式由低價至高價列出

不少餐廳喜歡將菜式由便宜至昂貴依次列出，讓顧客清楚了解菜式的價錢，方便選擇。你可以將套餐（或當日午餐）由便宜到昂貴列出，但在餐牌內最好不要這樣做。因為這樣，**顧客只會按照他們的預算和價錢作出選擇，而不是選擇他們想吃什麼，變成「選擇價錢」而非食物**。餐牌的欄目應把招牌菜放在當眼處，即首數項，那裏是顧客最容易留意到的位置，有助增加招牌菜的銷量。

餐牌上的價錢不依順序，重點菜式都放在前數項。

其餘的菜式也儘量不要從便宜到昂貴列出，**應以重要性和利潤列出**，想客人點的菜就要放高一些。正如前面所說，顧客一般不會仔細閱讀餐牌。

4 找出顧客能支付的上限

以往有很多商人均以自己的成本作為決定定價的標準。我們稱之為加成定價法（Markup pricing）。以一杯咖啡為例：

咖啡總成本，連材料、工資、租金等	$20
盈利目標	50%
定價計算	$20×（1+50%）= **$30**

這種做法合理，**但顧客卻會認為定價太高，結果這杯咖啡無人問津。**

找出定價的下限非常重要，因決定這產品能否獲利。根據以上的咖啡為例，除非採用較低價的原料，否則定價不可能低於 $20。**但這種定價方式忽略了顧客的需求和喜好**。現今流行的方法是先找出顧客能支付的上限（即顧客感知價值），再調整開支來配合顧客的口味。這種以顧客為先的定價法雖然較為複雜，**但效果比加成定價法佳，更能增加銷量**。

怎樣找出顧客感知價值呢？顧客不會告訴你他們對菜式的感知價值。我們只能推測，例如仔細觀察顧客點什麼菜，將少人點選的菜式價錢降低，或重新設計菜式，較多點選的則可考慮加價。現在不少餐廳使用銷售時點情報系統（Point of Sales，POS），**以電子化系統記錄產品的銷售狀況，讓店主輕易分析參考定價的合理度和菜式的受歡迎程度**。

很多結帳系統，如收銀機、卡機都附有 POS，方便點算每款菜式的銷量。

另一種方法為問卷調查，不少餐廳都會提供意見箱，讓客人提供意見及改善方法。**問卷的其中一項問題應與價錢有關，以收集客人對菜式定價的反應及意見**，從而認真對待顧客的意見，看看他們的建議是否合理，再對定價作出調整。店主亦可吩咐侍應生觀察顧客選菜的過程，看看是否因價錢偏貴而退縮，或因價錢便宜而改變用餐的選擇。

問卷調查能讓餐廳知道顧客對餐廳的評價，從而作出改進。

參考競爭者的定價

餐廳店主可能不太清楚顧客的感知價值，或是**難以計算材料的成本**，則可考慮參考競爭者的價錢再作調整，把定價設為比他們的便宜、相近或更貴。

1 比競爭者更貴，建立更高質餐廳

如店主選擇定價比競爭者高，**就必須拉開兩者之間的差距**。顧客並不會花更高的價錢來購買比競爭者差的或相同的產品。你必須確立一個高級的品牌形象，以昂貴但高級的食物吸引客人。當然，你還可以提升其他方面的質素，如環境、服務、裝潢、店鋪選址等，但須切記與競爭者不同地方必須是客人關心的地方。定價高，產品質素必須更高，但是，在此之前必須確定高級市場是有需求的。拉麵正是一個缺乏高級市場的例子，假設一家拉麵店所賣的拉麵為 $200 一碗，普通顧客並不會光顧此拉麵，因為大多的拉麵價格都在 $100 內。而鵝肝則是一個有高級市場的例子，人們並不介意花費大量金錢來換取味覺上的享受。由此可見，**你必須清楚市場的狀況，找到現有市場無法滿足的顧客，才能夠把產品定價為比競爭者高**。

拉麵很難會有高級市場。

鵝肝再貴也會有忠誠的顧客。

2 和競爭者相似，強調產品差異性

較安全的做法是**參考競爭者的價格，將價錢調節與競爭者的相似，可確保你的價位是客人能夠接受的，減低風險**。可是，你的產品質素不可以跟競爭者相近，你須做到差異化或比競爭者更佳的產品，否則顧客還是會光顧現有的餐廳。

3 比競爭者便宜，便宜但不低劣

最好的情況當然是能做到比競爭者便宜之餘，食物質素亦佳，但是這於現實社會中是幾乎不可能實現，故此**餐廳須從質素和價錢之間取一個平衡點**。店主可選擇與競爭者食物質素差不多，但定價比他們便宜，又或者佔領廉價市場，以超低價吸客但食物質素可能要稍作犧牲。

以外賣壽司店為例，它比連鎖壽司店便宜，味道亦差不多，只因顧客不用堂食，店主節省租金，結果外賣壽司店形成一股風氣。

廉價外賣壽司成為其中一個潮流。

再以一個非飲食業的例子說明，廉價航空基本上不會免費提供餐點和視聽娛樂等全服務航空公司提供的服務，座位亦較狹窄，但由於機票價錢便宜，仍能吸引了不少想節省旅費的遊客購買。

提高定價的方法

當你發現價格定得太低時，如何才能在**不知不覺間調整價格**？又怎樣可以減少顧客對價錢上漲的不滿呢？這兩個問題難倒了不少店主。以下便是一些方法將加價的負面影響減至最低：

1 時機妥當

餐廳應根據顧客對餐廳的印象來調整價錢。若顧客對餐廳不滿，餐廳還要加價只會加深客人的不滿，最終自取滅亡。因此，**餐廳應在大部分顧客都對餐廳各方面感滿意時才加價**，這樣顧客較容易接受價格上漲。而顧客對餐廳的印象可從問卷中了解到。

2 分段式加價

餐廳可以實行分階段加價，使顧客不會過分聚焦於價格的變動。切忌**一次過上調整份餐牌上的價錢**，應先調高一個類別的菜式價格，看看顧客的反應，如反應良好便可將其他類別的菜式價格都逐一調整。

行內人 Tips：

Food Channels

可先選擇顧客不太留意的類別來加價，通常是餐牌最後數頁的類別，包括飲料、酒精飲品、甜品、伴碟等。

飲料、酒精飲品、甜品、伴碟等都是顧客不介意多花費一點並不太留意價錢的項目。

3 提供優惠

店主可先加價，後推出優惠，令客人集中在減價而非加價的項目上。通常優惠都是有附帶條件的，例如週日優惠、小童優惠等，不僅能吸引更多對價錢敏感的顧客，還多了對價錢不敏感亦不理會減價時段的顧客消費，令顧客整體消費得以提高。

4 縮小分量

減少菜式分量和重新排列，使菜式的造價減低，等於間接加價。由於顧客普遍對菜式分量減少十分反感，所以此舉不能做得過分張揚，應**將菜式的分量和價錢一同調整，告訴客人價格也有變動。**但減的分量比減的定價多，譬如減價 40%，分量則減少 50%，最終餐廳還是賺了。

利用較大的碟子盛放較小分量的食物，再加上裝飾，令客人無法一眼得知分量。

5 抱着最壞的打算

對於價格變動，**顧客敏感度極高**，店主要思考加價的原因向顧客解釋，亦要**明白始終會有顧客不滿價格上調，因而不再光顧**。不過，只要妥善處理顧客的不滿和投訴，大部分的顧客還是會尊重餐廳加價的決定，而這群客人就是你應該重視的顧客。

如何計算餐廳利潤？

利潤（Profit）是 7 個 P 之一，定好了價格後，我們便可以計算利潤。

1. 計算固定成本（Fixed cost）和可變成本（Variable cost）

固定成本指的是不會因銷售數量而改變的成本。例如，租金、以月薪計算的員工薪金、電費、保險費用、廣告開支等。無論你的餐廳有沒有客人，你都要支付這一筆費用。

可變成本就是指會因銷售數量而改變的成本。例如，原料費、給顧客的贈品、原料運輸費等，這些費用會隨着銷售數量上升而增加

2. 計算營業額（Sales revenue）

營業額就是你從顧客裏收到的錢。

3. 計算利潤（Profit）

毛利潤 = 營業額 - 可變成本

純利潤 = 毛利潤 - 固定成本

如果毛利潤是負數，即材料價格過高或定價過低，餐廳會虧蝕。店主必須調整價錢、刪除毛利潤是負數的菜式、轉用較便宜的材料、減少菜式等。

如果毛利潤是正數而純利潤是負數，或兩者差距甚大，即管理上出了問題。店主必須找出問題的所在，看看哪一項的固定成本開支比同類型的餐廳高。

營業額	100%
（原材料）* A）食物材料 * B）飲品材料 *	25-40% 35-45% 25-30%
毛利潤	60-75%
（員工薪金及福利）**	30-40%
（營運經費）**	5-15%
（租金）	5-15%
（雜費）**	1-5%
（廣告 / 宣傳費用）	1-2%
（總開支）	55-65%
純利潤	0.5-10%

* 為通常是可變開支項目
** 可以是固定或可變開支
# 開支會因餐廳類型不同而有所變化，數據只供參考。

行內人 Tips：

如原材料成本和員工的薪金佔營業額的 70% 以上，**即餐廳的營運開始出現問題**。店主不可以無視這些警號，要盡快找出問題的癥結。

CHAPTER 8 第八章

O2O市場推廣

互聯網的普及令網上消費方便了很多，但傳統店鋪還是佔了市場的絕大部分。在美國，線上消費只佔總零售消費額不足 20%。不過，線上消費的威力仍然不容忽視，不少傳統店鋪都因網上購物的興起而倒閉。因此，有些公司開始善用科技，**使用 O2O（Online to Offline）由線上到線下推廣，以線上的系統，提供訂購、預訂、優惠等服務，吸引顧客到他們的實體店消費。**

以線上的訂購系統，
促進線下的消費。

餐飲業是非常適合 O2O 推廣的行業之一。雖然食物不可於線上享用（至少以現時的科技不能實現），但餐廳可透過線上渠道，配合甚至取代傳統媒體的宣傳手法，增加餐廳知名度及建立品牌鮮明形象。

傳統媒體宣傳，存在一定公信力

傳統媒體雖正步進夕陽期，但仍有不少人會接觸它們。傳統推廣手法包括報章、雜誌、標示板、電視廣告等。如果你的目標顧客是以較年長人士為主，傳統媒體是十分有效的宣傳渠道；相反，如果你的目標顧客是以年輕一輩或上班一族為主，你就要妥善選擇合適渠道了。例如上班一族傾向留意地鐵站的廣告、報章；家庭主婦會較留意雜誌、電視廣告或標示板；而學生則較少花時間於傳統媒體上。

除非你是經營連鎖餐廳，否則餐廳較少於傳統媒體上刊登廣告，最多只會於附近的商場、巴士站、地鐵站的標示板上登廣告，或在雜誌上刊登宣傳稿。而有些地點較隱蔽的餐廳則會以派發傳單去提升知名度。

雖然傳統媒體開始漸漸式微，但仍有一定的公信力，餐廳在報紙和雜誌刊登宣傳稿後，**可以把整張宣傳稿留下來，貼在門口當眼處**，吸引客人。

新興網上推廣，低成本宣傳渠道

現時餐飲業流行利用網上渠道作推廣，成本較低，效果較佳。大部分餐廳都會設有網站和社交媒體（Social media）帳戶，例如 Facebook、Instagram 等，亦會於 Google 登廣告。

如要開設社交平台帳戶，請留意以下重點：

1 不應抱着「人有我有」的心態

社交網站的流行促使大部分餐廳都設有自己的頁面。不過，一個不更新的頁面比沒有設有頁面情況更差。很多餐廳誤以為只要隨便開個頁面，貼幾張圖片，出數個帖子就算作了社交媒體推廣，但這想法是大錯特錯的。

請不要輕視這頁面的重要性，如果你的餐廳不需要以社交網站作推廣、或者你的目標顧客對科技不感興趣，那倒不如不設頁面，專心做好自己的餐廳。其實當你**為餐廳開了一個頁面，客人自然會對你的頁面有要求，希望你會重視這平台，從而與他們有適當的交流或互動**。

同樣，餐廳網站也不是必需的。如果選擇建立網站，則不應馬虎，要保持網站能定期更新，最理想是大約每星期至少更新一次。

要和客人多多交流，定期更新自己餐廳的專頁！

行內人 Tips：

在活動和帖子上使用適量的 Hashtag（#），增加曝光率，令顧客更容易找到你的專頁！

行內人 Tips # 餐飲行內人 #Tips

2 儘量回答顧客的提問

以 Facebook 為例，訪客會不時於你的專頁上留言，或者直接傳一個訊息給你。及時和準確地回答訪客的問題和查詢是維持良好服務的其中一個要素，客人對餐廳的印象也會因應你回答問題的速度和內容而改觀。不過，Facebook 管理者應避免使用空泛或一式一樣的答案，例如「多謝你的提問，我們會盡快處理」。訪客會覺得你只是複製和貼上標準答覆，既缺乏誠意，更沒有確實地回應問題，以致訪客對餐廳失去信心。因此，Facebook 管理者應快而準地回答問題，如有疑問應根據指引向上司匯報。

不妥善地回答訪客的問題，會讓訪客覺得你不尊重他們，不重視自己的專頁，使餐廳形象受損。頁面應定期更新，並積極回答問題，令訪客知道「我們還管理着專頁」，令客人對你的餐廳更有信心。

如要開設專頁，必須指定一至兩位員工負責構思文章內容、回應訪客提問以及處理顧客的投訴。店主亦應規定員工可以發出的內容、各員工的權限、應急系統（例如有大量投訴等），以便管理。

安排專業客戶服務員負責客戶的查詢和投訴。

行內人 Tips：

Facebook 會給予經常回覆訊息的頁面和專頁一個「經常回覆訊息」標章，該標章會貼在頁面的當眼處，以證明該頁面的管理員有迅速回答顧客的提問。

獲得標章的條件如下：

1. 於過去 7 天內，回覆率達 90%。
2. 於過去 7 天內，可以 15 分鐘內回覆提問（只計算對話中的第 1 個訊息）。

餐廳可朝着這個標章的條件前進，向顧客證明餐廳重視社交媒體管理。

3 積極舉辦活動，與客戶交流

定期舉辦與用戶交流的活動，**鼓勵顧客除了瀏覽餐廳的動態外亦作出貢獻**。例如鼓勵顧客拍下食物照片，最有創意的會獲得 1 年任食券。不少餐廳都樂於採用這些方法，通常效果不俗。這不但鼓勵客人「讚好」你的頁面，還令客人參加你的活動，讓他們的朋友也能接觸到你的餐廳頁面。又或以「讚好」換取免費食物或飲品，增加你的頁面曝光率。

請留意活動不應過分侵佔客人在社交媒體中的私人空間。他們瀏覽社交網站是為了和朋友交流，而不是看餐廳的推廣活動。因此，這類的活動不宜太頻密，以免令顧客和其他用戶感到煩厭，反而對你的餐廳產生負面印象。

不少餐廳推出顧客上載食物照片到社交網站即可換取優惠的活動，為店鋪作推廣。

行內人 Tips：

餐廳可利用如 Pokemon Go、奧運會、世界盃等的熱潮進行宣傳，吸引更多客人，刺激銷售額。例如推出只要顧客在店內捉到小精靈，並將照片上載到社交網站便可得到折扣優惠的活動。

店主在擬定熱潮的推廣活動前，應先對熱潮有所了解，例如先親身觀看賽事、試玩遊戲等，以免因對熱潮一知半解而令人貽笑大方。就好像有些餐廳因不了解 Pokemon Go 內的道具，誤將只對自己有效的 Incense 當作對所有人都有效的 Lure module 使用，未能得到預期的效果之餘更被客人嘲笑。

4 和 Food bloggers 合作

年輕人經常外出用膳，除了喜歡在 OpenRice 查看餐廳的排名和評分外，還會留意 Food bloggers 的推介。Food bloggers 是一群以吃為樂趣的人，光顧後會在社交平台上分享食物相片和有關菜式味道的評論。

餐廳可以和 Food bloggers 合作作推廣，舉辦試食活動，味道好的話就在自己的頁面上推薦這家餐廳。Food bloggers 或會向餐廳收取費用。

不過，這種方法仍有問題存在。當 Food bloggers 可從餐廳得到利益，可能會寫下不盡不實的評論，違背良心。讀者如知道 Food bloggers 收取了介紹費或廣告費，亦會對此反感，令其可信性降低。因此，若餐廳要用 Food bloggers 作推廣，必須先做好研究，了解他們的讀者、風格、口味等，更不應引導他們寫下違背良心的評論。

Food bloggers 四處搜尋美食，可借他們的名義為餐廳推廣。

O2O 平台

O2O 平台大多使用手機應用程式（Apps）與顧客溝通。例子有淘寶的天貓、早前提及的美團外賣等。開設網上平台，然後以手機或電腦輕鬆使用平台，並透過平台進行交易及享用服務。現在亦非常流行的 QR code，讓用家免除輸入網址的煩惱。

QR code 令網上交易變得更方便。

線上交易完成後，商戶便須提供線下服務。有些把貨物送到顧客前，有些需要顧客到店鋪內消費。**由於已於線上完成不少步驟，顧客在線下要處理的步驟就會變得簡單**。以往很多人以為網上購物將會徹底取代傳統的實體店，但有了 O2O 後，店鋪開始發現實體店的重要性，以及線上購物平台無法提供的購物體驗。例如，餐廳所售賣的不只是美食，餐廳環境、服務、氣氛等，亦是不可分拆的產品。用餐對於現代人來說是一種享受、放鬆的活動，特別對香港人來說，雖然午餐時他們會希望餐廳迅速上菜，但晚餐則是他們放工後的一大享受。因此線下的活動也是關鍵的。

假如你的餐廳有能力做到 O2O 服務，請善用互聯網的強大威力，營業額將會有所增加。

用餐是一種享受，餐廳可利用環境、服務等與外賣食物一決高下。

店內宣傳活動，增添知名度

店內宣傳活動的目的是**增加餐廳的人氣，為餐廳擴闊客源，增加人流**。要衡量宣傳活動成功與否，主要是觀察客人的反應，如客人對活動深感興趣，並熱烈參與，這就是成功的宣傳。店內宣傳活動主要可分為以下 4 種：

1 折扣促銷，噱頭的重要性

折扣促銷是指將產品減價，務求在短期內刺激客流和銷售額。很多餐廳都曾使用這種宣傳手法，但是成效往往未如理想，如果餐廳只是將產品減價 1、2 成，沒有太多噱頭，就難以引起客人興趣。為達到良好的宣傳效果，單靠減價並不足夠，餐廳應設法想出一些令客人覺得十分實惠的促銷活動。

例如稻香集團所推出的「一蚊雞」和麥當勞的麥樂雞買一送一優惠，都引起市民的熱烈追捧。雖然「一蚊雞」優惠看似會令稻香集團蝕本，然而這種優惠卻引起了市民的熱烈討論，並大大刺激了酒家的人流，令稻香集團變得更有名氣。實際上，稻香集團在優惠期的毛利只是下降了 1 至 2%，沒有我們想像中下跌得這麼多，但是「一蚊雞」優惠起了正面的宣傳效果。

由此可見，任何折扣促銷的宣傳手法一定要有噱頭，才能獲得成功。此外，有些餐廳會派現金券鼓勵客人消費。通常這些現金券都設有期限及條款，目的是令客人消費更多和再次光臨。

現金券可以吸引顧客再次光顧！

2 挑戰活動，引起城中話題

挑戰活動能引起客人的勝負欲，吸引有自信的客人前來餐廳挑戰。挑戰活動包括速食、大胃王、繞口令等。速食活動是指要求客人在特定時間內吃完規定的食物，以考驗客人的用餐速度。大胃王活動是指客人要吃完一份分量特別大的菜餚，主要挑戰客人的胃口大小。而繞口令活動是指客人要在數秒內成功說出繞口令。**客人只要完成挑戰，便能免去用餐費用，並可拍下照片，貼在餐廳的挑戰牆上**。挑戰活動富有話題性，容易引起客人討論。餐廳可以定期將活動相片上載到社交網絡，吸引客人參與活動之餘，也能提高餐廳專頁的粉絲數量及瀏覽次數。

3 節日推廣，顧客光顧大好時機

餐廳可根據不同節日訂立特色菜單和套餐，如在情人節推出二人燭光晚餐，為情侶打造浪漫又難忘的晚上；在聖誕節推出火雞套餐，讓一家人共享天倫之樂。此外，餐廳亦可在節日贈送小禮物給客人，如玫瑰、糖果等，令客人感到窩心和喜悅。當然，這些小禮物要精心設計，令客人感到餐廳的誠意。

節日可推出特別的餐牌和優惠活動。

情人節是吸引顧客消費的大好時機。

4 即場烹調，視覺味覺雙重震撼

在客人面前即場烹調美食，能為客人帶來視覺和味覺震撼，客人不但欣賞到廚師高超的烹調技巧，還會因食物濃郁的香氣而食指大動，點選更多食物。其實餐廳不一定要在客人面前完成整個烹調過程，**可以只向客人呈現菜式的最後幾個烹調步驟**，例如利用火槍在客人面前燒香食物的外皮或加熱食物，又或者利用已加熱的鐵板在客人面前炒熟食物等。

以火槍烤食物或替顧客澆上醬汁，既新奇又有趣。

CHAPTER 9 第九章

如何做到貼心友善的服務？

要將首次光顧的客人變成常客，餐廳除了需要有高質素的食物之外，亦要有貼心和友善的服務。**高水平的服務質素可為餐廳帶來更多常客，直接提升餐廳的利潤**。根據研究指出，做到以客為先的餐廳，其食物價錢相比競爭者高 9%，營業額亦自然相應增加。再者，良好的服務質素能幫助餐廳宣傳。大部分對服務滿意的顧客都會將用餐體驗與人分享，並推薦身邊人到餐廳用膳，為餐廳帶來新的客人。

高質素的服務能提高餐廳的營業額。

口耳相傳能為餐廳增加客源。

令人窩心的問候

在顧客踏入餐廳門口的一刻，員工應以**主動和親切的態度向顧客打招呼**，簡單的一句「歡迎光臨」或「你好」，可令客人感到溫馨暖心。員工面帶笑容詢問顧客用餐的人數，並**親自帶顧客到相應的位置就座**，若已滿座則請客人到等候區稍候。下雨天更應該幫客人安置好雨傘。顧客就座後，員工要**根據顧客人數送上飲料**，同時給予餐單讓顧客點餐。顧客離開時，員工同樣要友善地向顧客說一句「再見，歡迎下次光臨。」。員工一些貼心的**額外服務如提醒顧客不要遺留個人物品**，亦會提升顧客對餐廳的良好印象。

員工應面帶微笑，向顧客打招呼。

按顧客人數提供相應數量的飲料。

點餐服務要快捷

點餐服務是餐廳服務中重要的一環，高質素的點餐服務能有效提升餐廳的營業額。首先，**員工應熟讀餐牌**，對餐廳的菜式、價錢、優惠等瞭若指掌，能夠第一時間解答顧客疑問，亦能向顧客推薦餐廳的招牌菜和特色美食。再者，**員工應多點留意顧客的動向**，例如四處張望或揚手，員工應上前詢問顧客是否需要點餐或其他服務。此外，點餐的過程應維持在 30 秒左右，若然過長，或會照顧不到其他顧客。為了方便員工記錄顧客所點的菜式，餐廳可為**每款菜式編上一個號碼**，這樣同時有助縮短客人的點餐時間，可謂「一舉兩得」。如客人點選的菜式過多或是重複，員工亦可稍作提醒並提出建議，令客人覺得服務認真和貼心。一般點餐後，員工都須**向客人複述一次所點的菜式**，減低出錯的機會。事後還可加多一句「請稍等，我們馬上為你送上美食。」，令客人倍感窩心。

員工要時刻留意顧客是否需要服務。

熟讀餐牌，解答客人疑問。

服務員須向客人複述一次所點的菜式。

不少餐廳使用電子化點餐系統，不但加快點餐的過程，更減少出錯的機會。電子化點餐系統同時能夠將客人所點的菜式即時傳送至廚房，廚師見到便能第一時間烹調食物，從而減少客人等候的時間。最重要的是，電子化系統使**點餐、烹調和收銀一體化**，令餐廳的經營更加順暢。

上菜過程中，員工應**避免雙手觸碰到食物**，以免使客人覺得餐廳不注重衛生。同一道理，員工擺放餐具時，亦應避免觸碰到餐具上用來接觸食物的位置。員工將菜餚送到客人面前之後，宜說出菜式的名稱，並向客人說一句「請慢用，祝你有一個愉快的用餐體驗。」，顯得更為專業。

員工雙手不應觸碰到食物，影響衛生。

「請慢用，祝你有一個愉快的用餐體驗。」

行內人 Tips：

很多香港人在用餐前，都會將餐具用熱水清洗，因此餐廳可主動提供熱水供客人使用，以體現高水平的服務質素。

有效率的結帳服務

點餐、收銀一體化可令結帳過程更加快捷，免除了運算步驟和減低出錯的機會。員工在為顧客結帳時，應以**雙手收錢和找贖**，以示禮貌。員工還可以趁客人結帳時，**詢問客人是否滿意餐廳的服務**，以及需要改善的地方，以進一步改善餐廳的服務質素。

顧客人結帳離座後，員工應**盡快收拾桌面（理想時間是2分鐘）**，用濕毛巾抹淨，以供下一輪客人使用，從而提升餐廳的周轉率。過程中，員工須留意數點，第一是確保餐桌衞生乾淨，桌面沒有剩餘的油漬和垃圾，椅子亦應確保沒有水漬。第二是用來抹桌子的濕毛巾要定期更換，保持清潔。第三，如收拾桌面時發現客人遺留物品，應即時告知客人並交回物品。如客人已離開餐廳，可把失物上繳店主或經理保管，以待客人取回。

結帳時員工可主動詢問客人對餐廳的意見。

員工應盡快收拾桌子，供下一輪客人使用。

遇到突發事情時的處理方法

每天，餐廳員工需要接待眾多客人，一旦遇上突發事件，應以不同的處理方法解決。以下是餐廳常見的突發事件：

A 首先，他們須立刻向客人道歉說「對不起」，之後馬上拿乾毛巾幫客人抹乾淨，並帶領客人到洗手間整理。另外，服務員須盡快清理現場，以

免影響下一輪的顧客。同一時間，員工應向店主匯報事件，讓店主知道事情的經過後，判斷如何向客人賠償道歉，以安撫客人。

Q 遇到客人投訴餐具有污漬或餐品品質出現問題時，服務員應如何處理？

A 首先，服務員應先向客人致歉，說「對不起，我馬上幫你更換新的餐具或餐品。」，並迅速更換有問題的餐具或餐品，事後亦應仔細複查其他尚未使用的餐具和餐品是否合乎標準，避免同類事情發生。此外，服務員應向相關同事反映客人的不滿，令他們可以在清潔餐具或烹調菜式上作出改善，杜絕品質出現問題的情況。

Q 當服務員出錯而被客人責罵時，他們應如何處理？

A 即使被客人責罵，服務員也應堅守本分，保持冷靜，切勿頂撞客人或與客人爭吵。服務員可先勸服客人保持冷靜，待客人心情平復後再作解釋和道歉。如果事件不能平息，服務員應立刻通知店主，尋求協助，以解決事情。

Q 當客人要求餐廳提供優惠時，服務員應如何處理？

A 首先，如果餐廳在該段時間沒有進行任何優惠活動，服務員應耐心地向客人解釋，以獲得客人諒解。但若然客人堅持要餐廳提供折扣，服務員可請示店主，由店主決定是否向客人提供適量的優惠。

Q 當客人反映餐廳的食物質素有所下降，服務員應如何處理？

A 首先，服務員應向客人致歉和感謝他們提出意見，並向客人解釋菜式的烹調方法與過往是一樣的，味道的改變可能是廚師一時失手。事後服務員應向客人承諾會作出改善，下次光顧時會享用到高質素的菜式。最後，服務員要將客人的意見向廚師反映，令他們作出檢討。

整齊乾淨的洗手間

餐廳洗手間整潔與否亦是客人評價餐廳服務質素的一部分。**洗手間應定期清潔**，確保乾淨和有足夠的廁紙。**如果客人問及洗手間的位置，員工可親身帶客人前往**，而非讓客人自行尋找。

提升員工服務質素

1 神秘顧客評分

神秘顧客受過專業訓練，他們假扮成普通顧客到餐廳用膳，從各方面評價餐廳的服務水平，並提供一份詳細而客觀的報告書予店主參考，以改善餐廳的服務質素。一般神秘顧客的評分內容會包括**餐廳環境、員工服務和產品質素**。

神秘顧客會撰寫一份全面而客觀的服務報告供店主參考。

神秘顧客調查表

(5 為最高分，1 為最低分)

到訪日期： ______________ **到訪時間：** ______________

顧客名稱： ______________

餐廳環境方面	5	4	3	2	1
1. 餐廳整體是否乾淨整齊？					
2. 地上有沒有垃圾和灰塵？					
3. 地板上是否過於濕滑？					
4. 洗手間的衛生情況是否達標？					
5. 用餐的桌椅是否乾淨？					
6. 餐具的擺放位置和餐具是否潔淨？					
7. 櫥窗和玻璃是否乾淨和透明？					
總分					

食物質素方面	5	4	3	2	1
1. 食物的賣相是否美觀？					
2. 食物的味道是否美味？					
3. 食物的分量是否足夠？					
4. 食物的溫度是否合適？					
總分					

員工服務方面	5	4	3	2	1
1. 員工在客人進入食店時有否主動打招呼？					
2. 員工有否親自帶領客人到他們的座位上？					
3. 客人揚手尋求店員幫助時，店員是否立刻前往處理？					
4. 員工能否詳細和清晰地解答顧客在餐牌上的問題？					
5. 員工有否主動推薦餐廳的招牌菜給客人？					
6. 餐廳的上菜速度是否迅速？					
7. 員工在上菜時，雙手有否觸碰到食物？					
8. 員工在上菜後，有否向客人說「請慢用，祝你有一個愉快的用餐體驗。」？					
9. 員工處理客人投訴的方法是否恰當？					
10. 員工處理突發事件時的做法是否合適？					
11. 員工在服務過程中是否臉帶笑容？					
12. 員工的服飾是否整齊乾淨？					
13. 員工在結帳時有否雙手接收和找回客人的金錢？					
14. 員工在結帳時有否向客人道謝和道別？					
15. 員工有否邀請客人再次光臨？					
總分					

神秘顧客事後會給予餐廳一個綜合分數，並列舉出餐廳所有不足之處和提供改善方法。**店主亦可設立獎勵機制**，如神秘顧客給予的綜合評分達到 90 分或以上，店主便會給員工 300 元獎金，以鼓勵員工繼續維持良好的服務質素。

設立獎勵制度能令員工加倍努力工作。

行內人 Tips：

神秘顧客會不定期到訪餐廳，避免職員知道他們到訪，從而反映餐廳最真實的一面。

2 培訓課程和測驗

不論是兼職抑或全職員工，在入職前應先接受公司的培訓課程，以確保員工的服務質素符合公司的標準。一般而言，培訓課程包括**理論和實踐**。在理論方面，新入職員工應先學習**餐廳的品牌理念、服務流程、遇到客人投訴或突發事件時的處理方法等等**，令他們對在餐廳工作有初步的認識。他們亦應試食餐廳的招牌菜和熱門菜式，了解菜式的用料和特別之處，進而可以做到向客人推薦菜式、解答疑問等。

實踐方面，新入職員工會在**資深員工的協助下**，逐步了解服務的流程，以盡快適應餐廳的工作。

課堂培訓能令新入職員工對公司有更多的了解。

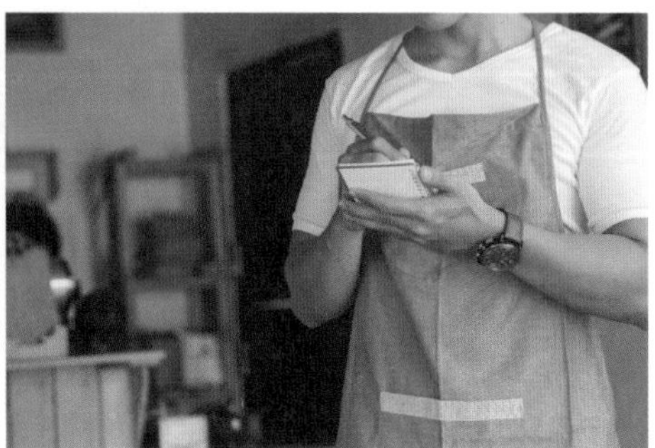

新員工須在實踐中學習。

此外，店主可**定期舉行一些小測驗**，了解員工是否真正清楚餐廳的服務流程和注意事項，保持餐廳應有的服務水平。店主亦可藉着獎勵計劃如升職加薪，鼓勵員工不斷自我增值，提升服務水平。至於測試內容，可**分為筆試和即席測試**，筆試主要考核員工對餐廳經營理論的認識，即席測試則考核員工能否依照指引服務客人和應對突發事件。若員工未能通過測試，店主可讓他們再接受培訓，嚴重者可以解僱處理。

筆試主要考核餐廳經營理論。

即席考核考驗員工對技術和工作流程的熟練程度。

筆試試題範例

新員工入職考試試題

姓名：__________________ 分數：_______/20

一、選擇題：每題請圈出一個正確的答案。（每題 2 分）

1. 客人離開後，服務員應在 ___________ 內收拾桌面。

A：2 分鐘。

B：3 分鐘。

C：4 分鐘。

D：5 分鐘。

2. 客人進入店門，正確的歡迎語是：

A：接待的服務員說「歡迎光臨」。

B：接待的服務員說「您好」。

C：接待的服務員用較大聲量說「您好」，然後全體齊聲說「歡迎光臨」。

D：接待的服務員用較大聲量說「歡迎光臨」，然後全體齊聲說「您好」。

3. 拾獲客人遺留在餐廳的物品，應該：

A：據為己有。

B：主動上交收銀台或吧台。

C：追出店外尋找失主。

D：大聲詢問誰是失主。

二、對錯題：每題請圈出一個正確的答案。（每題 2 分）

1. 客人進店時，應用眼神和微笑迎接他們，但如果不進來可以不必理會。（是 / 否）

2. 客人提出打折時，可私下讓他以優惠價結帳。 (是 / 否)

三、 問答題（每題 5 分）

1. 如果不小心將餐品倒在客人的身上，應如何處理？
   i. ______________________________
   ii. ______________________________
   iii. ______________________________
   iv. ______________________________

2. 當客人反映餐廳的食物味道有所下降時，應如何處理？
   i. ______________________________
   ii. ______________________________
   iii. ______________________________
   iv. ______________________________

3 定期會議

每個星期，餐廳應召開會議，簡單討論過去 1 星期所發生的事情，如客人的投訴或讚揚、菜式受歡迎的程度、顧客的意見或建議等，總結不足之處加以檢討和改善。會議時間不需過長，大部分餐廳會選擇在員工開始工作前進行，可順便作出提點。店主亦可舉行一些員工選舉如每週服務之星，表揚每週工作表現最好的員工，並加以獎賞。這樣既能增加員工努力工作的動力，亦能提醒他們時刻注意服務質素。

每週舉行小型會議，令員工清楚有何不足。

4 定期舉辦服務比賽

定期舉辦服務比賽，讓員工互相競爭，可激發他們的好勝心，從而互相學習，**提高餐廳的服務質素**。例如比試員工的服務質素或廚師的上菜速度，餐廳可邀請顧客一同參與評分，增加刺激性。服務比賽成效顯著，著名餐飲集團麥當勞也時常舉行服務比賽來評定員工的服務質素和**培養員工的團隊精神**。

服務比賽能夠增進員工的團隊精神。

5 公平的薪酬系統

一般餐廳會**根據員工的工作表現去決定員工的薪酬**，因此工作表現較好的員工會獲得較高的人工。店主須**清晰地向員工說明薪酬系統**，以釋除他們的疑惑，避免薪酬不一產生不滿而影響工作。

增加員工士氣

員工士氣的高低影響他們的工作表現，即士氣高的員工會盡心盡力工作，工作效率高；相反士氣低迷的員工會整天沒精打采，工作效率亦較低。因此，店主須掌握提高員工士氣的方法。

1 保證準時下班

根據 2014 年雷格斯調查所得，香港人平均每週有 5 天需要超時工作，OT（超時工作）時數是亞洲最長，多達 7 成人需要超時工作 2 小時或以上，其中有 3 成人更要超時工作 8 小時（即 1 個工作天）。由此可見，超時工作在香港相當普遍，準時下班成為許多「打工仔」的渴望。如果一間餐廳的**員工能夠每天都準時下班，他們對工作的滿意程度自然高**，不會輕易辭職。準時下班的員工亦有充足的時間休息，以應付日常工作，提升工作效率。

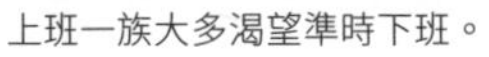

上班一族大多渴望準時下班。

準時下班能令上班一族有更多私人時間休息或陪伴家人。

2 定期舉辦活動

定期舉辦團體活動如生日派對、燒烤、聚餐、郊遊、卡拉 OK 等，**讓員工互相交流認識**，增進彼此的感情，藉此可培養餐廳的團體精神，令員工更加齊心地工作。

定期聚餐能增進員工之間的感情。

在員工生日時送上蛋糕，令員工感到窩心。

3 以鼓勵代替責罵

當員工犯錯或工作不達標時，店主不應以責罵的態度對待員工，這樣只會打擊員工的士氣，令他們更加沒有心情工作。店主應**以正面的態度處理事件**，譬如了解事情的經過，與員工一起分析犯錯的原因，好讓他們認清錯誤，從而作出改善。舉例說，有員工不小心跌破杯碟，店主或經理應先關心員工有沒有弄傷，繼而提醒員工要小心些，避免再犯。

以鼓勵代替責罵，能提升員工的士氣和幫助員工建立自信。

4 明確的晉升階梯

員工晉升應有具體的標準，例如員工須工作滿 6 個月和通過 3 個測驗才能有晉升機會。清晰的標準方便員工設立明確的目標，提高個人工作動力。若晉升沒有一套客觀的標準，只是根據老闆個人喜好決定，員工便會感到不公平，因而失去工作動力。根據 104 資訊科技集團的《全方位人資標竿研究報告》指出，**74% 員工士氣高企的公司有訂立明確的晉升階梯**，低士氣公司則不足一半有此安排。可見，制定晉升標準對提高員工士氣有相當程度的幫助。

	分店經理		
	樓面部	廚部	水吧
	副經理 ▲ 主任 ▲ 副主任 ▲ 部長 ▲ 副部長 ▲	廚房主管 ▲ 副主管 ▲ 三廚 ▲	水吧主管 ▲ 副主管 ▲
半年	高級侍應 ▲	四廚 ▲	資深水吧 ▲
3 個月	侍應 ▲	廚房助廚 ▲	水吧員 ▲
入職	見習侍應	練習生	練習生

5 經常舉辦慶功宴

不論業績好壞，**餐廳都可舉辦一些小型慶功宴，員工一起歡聚**，以感謝他們的付出，從而**增強他們對公司的歸屬感**。此外，在慶功宴上，店主可向員工講解餐廳未來的發展，包括短中長期的目標，並鼓勵他們一齊向目標前進，提升工作士氣。

CHAPTER 10 第十章

國際特許經營・餐飲的機會

新興創業模式・

特許經營

經營餐廳的確不容易，開店過程繁複，因此不少人抵受不了艱辛過程而放棄夢想。但隨着特許經營的冒起，令充滿熱誠但缺乏經驗的有心人可一圓開餐廳的夢想，並賺取利潤。

特許經營，又稱加盟連鎖。此特許經營模式源於美國 19 世紀末，至今已有超過 100 年的歷史。現時美國大部分連鎖餐廳和快餐店都以特許經營方式運作，證明此方式比傳統經營手法更易取得成功。香港的特許經營業務雖然未普及，但不少外國的特許經營品牌例如 Pizza Hut、Subway、KFC 等紛紛在香港登陸，並打響名堂。

特許經營牽涉到「特許經營商」（品牌）和「加盟商」（店主），「特許經營商」就是持有品牌的一方，「加盟商」就是有意欲加入品牌的一方。「特許經營商」擁有技術、品牌、系統，他們會協助「加盟商」開店，並提供各種服務。「加盟商」擁有資金和時間，他們需要定期向「特許經營商」支付加盟費和營業額的一部分（即權利金），換取以「特許經營商」的品牌開店權利。「特許經營商」不需要投放開店資金，就可擴展業務，而「加盟商」不需要由零開始打造一家餐廳，節省建立品牌的時間。

特許經營的特色

1 獨立個體

「特許經營商」和「加盟商」是兩個獨立的商業個體，「特許經營商」可控制「加盟商」部分決定，但「加盟商」則要負責店鋪的日常運作。雙方權利和義務會在簽署特許經營合同時清楚被提及、列明及同意。為了令眾多加盟店在品牌上建立統一性，「特許經營商」通常都會在店鋪風格等方面訂立標準和要求，而且會提供適當指引，以便品牌於市場上樹立形象，及建立雙方長期的合作關係。

2 技術支援

「特許經營商」會向「加盟商」提供技術、營運、供應、培訓等支援。「特許經營商」也希望「加盟商」的餐廳能賺錢，共同獲得最大利潤。當「加盟商」的餐廳名氣提高，總部的收入自然水漲船高，品牌形象更正面，就可吸引更多投資者。反之，假如「加盟商」的餐廳營運不善，形象插水，「特許經營商」的品牌聲譽也會受到嚴重打擊。因此，「特許經營商」會儘量向「加盟商」提供各方面的支援，妥善利用他們的技術、系統、資源，增加「加盟商」在市場的優勢。

「特許經營商」會教導「加盟商」日常營運方法，例如烹調、訂貨、調配醬汁等。

3 繼承品牌形象

品牌形象會影響所有分店。雖然每一家餐廳的店主都不同，但是只要一家餐廳做得不夠出色，所有同一品牌的餐廳均會受牽連；相反，當餐廳做得有聲有色，全線品牌都會受惠。如品牌不幸受醜聞困擾，「加盟商」也會受影響。不過，「加盟商」不須自己作宣傳推廣，總部會為品牌刊登廣告，令全線餐廳的營業額上升。

4 餐飲業為主

大部分特許經營店鋪都是以餐廳和快餐店為主。特別是香港，其他行業的特許經營業務遠不及餐飲業普及。即使是特許經營業務蓬勃的美國，根據 franchisedirect.com 於 2016 年的數據，美國最大的 5 個特許經營品牌都是來自餐飲業的，首 20 名內有 9 個，其餘的則為便利店和酒店，由此可見餐飲特許經營的成功。

1st	McDonald's
2nd	Subway
3rd	KFC
4th	Burger King
5th	Pizza Hut

特許經營對加盟商的好處

1 不用由零開始建立品牌形象

對於任何新創立的公司來說，吸引第一批的客人永遠都是最難的。由零開始推廣自己的品牌、建立形象、擴張、吸納客人皆不是容易的任務，亦難以保證公司的形象一定是正面的。推廣品牌需要投放大量資金，存在風險，而且建立品牌形象後不能確保會有利潤。單單這隱憂，已令很多打算開設餐廳或公司的人卻步。

在特許經營的系統下，「加盟商」可以先選擇覺得合適的品牌，研究品牌的形象後才決定是否加盟，以減低風險。「特許經營商」在品牌發展初期已在市場上建立一定程度的品牌認知性和市場信心，加盟後，「加盟商」可使用市場已具認知性的品牌來經營，不須花心力找尋顧客，顧客亦會因對品牌的信心而選擇他們，令店主不須忍受開店後首數個月缺乏客源的煩惱，甚至在開業初期就可得到常客。

以特許經營方式開店較易吸引顧客。

2 店主不必擁有餐飲業的經驗

「特許經營商」會為店主提供訓練和指引，確保即使店主沒有任何餐飲業或開設公司的經驗，也能成功創業，賺取利潤。訓練內容包括店主的管理培訓、形象管理、顧客關係及行銷管理、經營成本控制及店務輔導、原物料、訂貨控管、產品製作流程等。店主學會基本知識後，必須實地訓練，以獲取實戰經驗。

店主也會獲得手冊，手冊上清楚列明各種工作步驟。店主只要根據當中的指引就可以開始營運餐廳。這些步驟通常都是寫給行外人閱讀，內容清晰易明。

開店前後「特許經營商」會一直從旁提供協助，務求開店一切順利。開張成功後「特許經營商」也會積極安排專人跟進，關注其營運狀況和財政健康。

青葱歲月

小食 - 每天開店前先準備的份量:

雞翅 (要先醃好)	1. (醃)10 只雞翅要用 30 毫升橄欖油，1 湯匙黑胡椒碎，2 茶匙鹽。 2. 放進炸爐炸到金黃色大概 5-10 分鐘，備用。
茄子	1. 洗乾淨 2. 將茄子平均切成 3 段 3. 每段再切開，一分為二
沙律菜，蕃茄	洗乾淨備用

「特許經營商」提供 SOP（Standard Operating Procedures，標準作業程序）資料，清楚列明各項營運細節。

3 成功率高

當品牌可以做到特許經營，當中一定有其成功方程式。「加盟商」一旦加盟，「特許經營商」便會將該套方程式授予「加盟商」，他們只須複製前人的成功之道，就可獲利。這方法遠比傳統模式容易和快捷得多。

「特許經營商」會從旁協助店主作重要的決定，避免店主因缺乏實戰經驗而決定錯誤，造成深遠影響。例如「特許經營商」會安排選址給店主開業，以確保附近沒有惡性競爭，並與其他分店保持適當的營商距離。

特許經營對「特許經營商」（品牌總部）的優點

1 特許經營商不須投放資金

在特許經營的營商模式中，「加盟商」才是付錢的一方。「特許經營商」允許自己的品牌讓外人經營，提供支援。「特許經營商」只須專注打造品牌形象、推廣、構思新菜式等，不需要處理日常經營的事務。

2 擴張容易

「特許經營商」可專注擴展自己的品牌，建立優秀的加盟品牌，吸引投資者加盟，開設分店。這擴張手法比傳統方式更為容易，因為可以在短時間內開設大量分店，為品牌於市場上爭取更大市場佔有率和提高知名度。

「特許經營商」亦可以輕易拓展國外業務。公司要打入外國市場並擴展可謂難上加難，如果缺乏支援和當地知識，容易得不償失。「特許經營商」可以與當地的投資者合作，給予技術支援以換取當地資訊。此外，地區加盟商充分了解當地的優勢，可以有效調整營商策略和營運方式。當贏得當地人的支持，「特許經營商」衝出國際亦指日可待。

當然，特許經營也有缺點，店主的彈性會受到限制，「特許經營商」的品牌形象亦可能受營運欠佳的店所拖累。但是，特許經營仍是利多於弊，不少打算開餐廳的人士都選擇加入特許經營而非自己創業。

La Kaffa 和 Pizza Hut 都是其他國家引入香港的品牌。

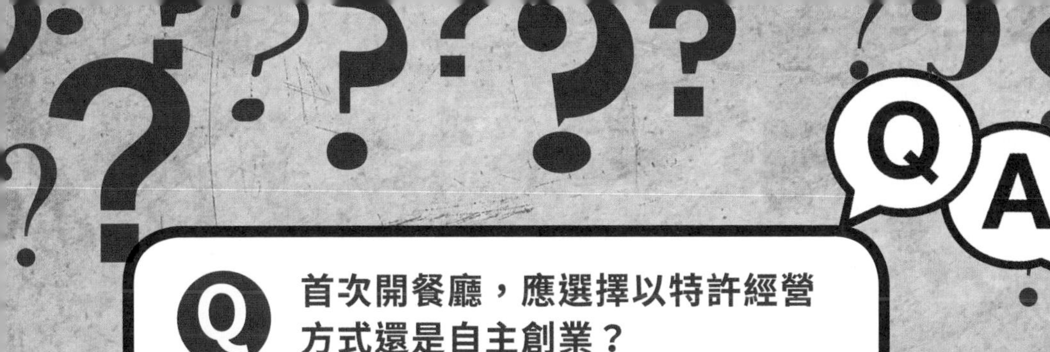

Q 首次開餐廳，應選擇以特許經營方式還是自主創業？

A 如店主並沒有餐廳營運的經驗，應選擇以特許經營的方式創業，利用加盟總部提供的成功經驗和完善系統，藉以降低風險，增加成功機會。此外，由於開餐廳的程序繁複，店主需要留意許多細節，對於對開餐廳完全沒有概念或怕麻煩的店主來說，特許經營能協助店主一步步打造人氣餐廳，並提供專家為店主考量所有細節和申領相關牌照，令店主輕輕鬆鬆，減輕壓力。當然，選擇特許經營方式會令店主失去一定程度的自主性，例如不能自行改變菜單或宣傳策略，削弱了店主的權利。想擁有高度自主的店主或許不喜歡特許經營的方式，然而店主首次開店還是選擇加盟連鎖品牌為上策，先學習加盟總部的營運系統以累積相關的開店經驗，之後才自主創業，開設第二間餐廳。

台灣和新加坡的成功之道

台灣和新加坡都在特許經營上取得重大成功。在新加坡的零售店中，特許經營店鋪佔超過 2 成，如美珍香、亞坤等。而台灣也創造了不少地道品牌，如 85 度 C 咖啡蛋糕烘焙專賣店、La Kaffa 等。究竟有什麼因素令這 2 個國家成功呢？

1 地理位置

台灣鄰近中國和香港，新加坡則臨近馬來西亞和其他東南亞的國家。由於台灣和新加坡都是臨海的國家，水路交通的發展亦比較發達，方便和其他國家通商，也易於從其他國家輸入物資和缺乏的資源。同時，亦容易把品牌輸出。

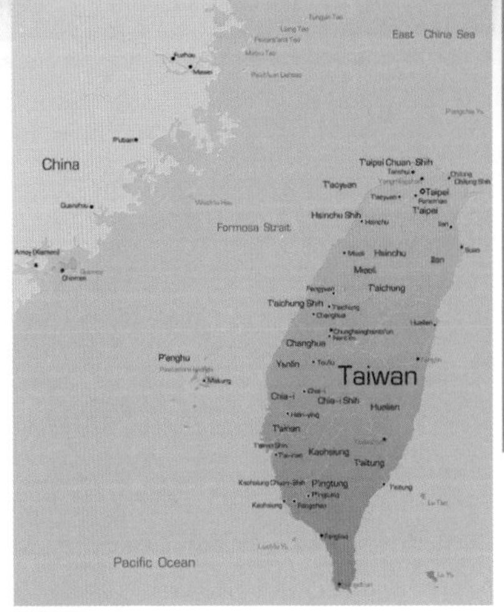

台灣和新加坡都是臨海的國家。

2 經濟體系

台灣和新加坡都有「亞洲四小龍」之稱，近半世紀經濟蓬勃，現時為國際經濟體系。兩國着重貿易、基建設施、教育等，令其企業能夠迅速發展及擴張。而特許經營亦在數十年前已傳入兩國，現在他們已經成功打造了大量自家的品牌，甚至能將自己的品牌外輸，於外國也設立經營店。

台灣和新加坡都是經濟發達的國家。

3 創業意欲

在人民創業的意欲方面，台灣和新加坡分別居於全球首位和次位。特許經營需要一群願意冒險投資的加盟商。國家如能鼓勵人民創業，將會對特許經營的發展和普及構成重大影響。

4 環境適應性

新加坡非常着重教育，推行的雙語教育令國民有極佳的英語能力，方便外國企業進軍國內。因此，新加坡人能適應全球以英文為主的趨勢，加上他們的思想追得上國際化，其優勢讓特許經營於國內得以蓬勃發展。

而台灣的特許經營並非一帆風順，但台灣的企業不斷改進特許經營系統，加上積極模仿和效法外國特許經營做法，打造成為適合台灣人的業務。現在台灣正面臨新挑戰——中國大陸的開放。但台灣人沒有因此而停止擴張特許經營業務，反而認為這是進軍中國大陸的商機。

香港的特許經營業務

回望香港，港人對特許經營的認識沒有台灣和新加坡人深入，而香港的特許經營業務亦不及兩地普及。但是，香港仍有上佳的地理位置和經濟體系，例如香港坐擁維多利亞港、背山面海，同時是中國的重要城市，更是「亞洲四小龍」的其中一員，適應能力極高。事實上，香港作為國際都會和背靠中國這兩個元素都令香港有能力成為下一個特許經營中心。

根據貿發局於 2014 年末進行的調查，有超過 8 成半未曾在香港有業務夥伴的公司，有計劃於香港開辦特許經營。因此，推動特許經營並非不可能。事實上香港在特許經營上會逐漸追上新加坡和台灣的步伐，成為擁有大量自家特許經營品牌的城市。

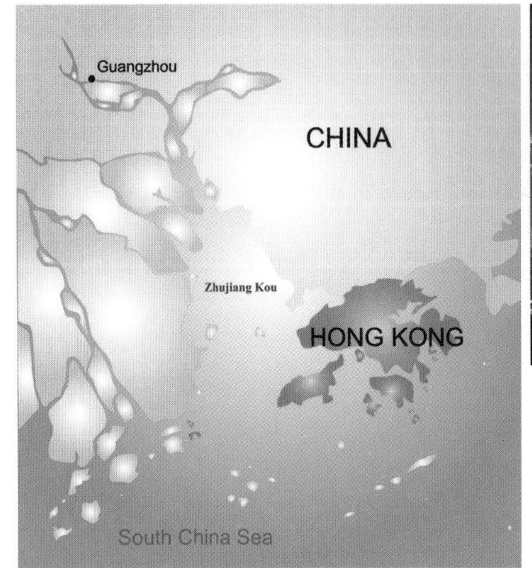

香港也有成為特許經營中心的潛力！

CHAPTER 11 第十一章

實戰分析

不少餐廳和品牌都是以特許經營方式營運。有些取得成功，有些失敗收場。有些於國內站穩陣腳後成功擴展到外地，相反有些則於國內取得成功後卻在國外慘敗。

品牌如何經營才可成功？如何選擇最適合的特許經營商？我們將以不同的特許經營品牌，分析其成功及失敗之處，再綜合不同的例子，推斷特許經營商應有的特性。

麥當勞的成功

香港最著名的快餐店，非麥當勞莫屬。以前的麥當勞餐廳都是直營的，即是由麥當勞自設的店鋪，當中並不牽涉加盟商。麥當勞於 2016 年 3 月在香港正式開放特許經營權，而其實其他國家的麥當勞已大多數以特許經營方式開業。

由於麥當勞對香港人來說較為熟悉，我們會以麥當勞於全球成功的原因分析其成功之道，再綜合香港人對麥當勞所知的資訊，探究一個特許經營商應有的特質。

1 統一化，保持食品穩定性

即使你認為麥當勞的食物不健康，你還是不得不認同其食物味道統一化的威力。麥當勞的漢堡未必是世界上最好吃的漢堡，但你能夠非常準確地預料它的味道。在世界任何地方、任何時候，麥當勞的漢堡也是質素保證。質素不只是好吃，更包括食物的穩定性，因此麥當勞這品牌已是標準化的代名詞，它雖不會帶給你驚喜，但一定不會令你失望。**標準化看似簡單，但背後是很複雜的。**很多餐廳，甚至是國際品牌，也未能做到統一化。

麥當勞犧牲味道以換取穩定性，既配合各店主，也能確保味道相差不遠，儘量減低人為因素對食物的影響，這就是麥當勞的管理哲學。這要歸功於 SOP（Standard Operating Procedures），以及能夠和店主合作無間。

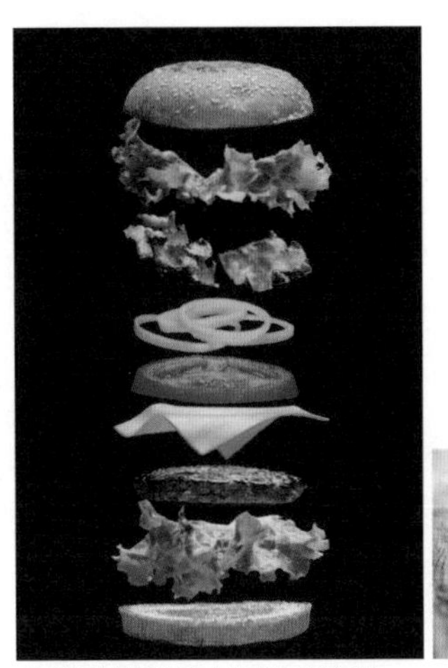

全球各地的漢堡味道都相差無幾。

QSCV 一直是麥當勞的宗旨，每家特許經營店都要按照這個宗旨辦事。Q（Quality）是指質素、食物穩定性和製作的 SOP，即以上提及的標準味道；麥當勞亦有指引保持食物新鮮度，例如薯條只可以存放 7 分鐘，超過 7 分鐘便要丟棄。S（Service）是指服務，麥當勞以快捷、準確的方式為客人點菜，並在短時間內做好食物。C（Cleanliness）是指清潔，餐廳要保持潔淨、整齊。職員會定期清潔廚房、用餐區、座位、窗戶和洗手間。V（Value）是指價值，即售價和食物質素之間的平衡；麥當勞為顧客在合理的價錢內提供相應的食物。從 QSCV 理論，可證明麥當勞有多重視具體的守則和標準。

2 品牌形象建立，植根於顧客的腦海中

說起「麥當勞」，你想起什麼？

「麥當勞」三字令人有無限聯想。無論你是否喜歡這品牌，你也能說出很多和麥當勞有關的物件和形象。同時，當你提起「薯條」、「巨無霸」、「黃色的 M 字」、「快餐店」等，你也能夠聯想起麥當勞。而這個聯想不只限於一代的人，連小孩長大的經歷，很多時候都會圍繞麥當勞，例如在麥當勞慶祝生日、父母請孩子吃麥當勞作獎勵、與朋友在麥當勞談天說地，這些都是麥當勞品牌的一部分。

不需要看到 M 字的商標，看到這些食品也能聯想到麥當勞。

麥當勞把品牌深深打進人的心裏。無論是美國、香港、日本，麥當勞都是街知巷聞的。麥當勞已是快餐店的代表，甚至是美國的象徵。雖然麥當勞於過去 10 年不斷加價，但還是保留了 10 多元的魚柳包，保持着價格親民的形象，

其實實際上一餐消費動輒 $30 以上，人們卻不介意它的價錢。麥當勞的食物的確未必比競爭者吸引，但無論環境、形象皆比競爭者優勝，更令人有無限的回憶和聯想。麥當勞已不只是快餐店，它已是香港文化、香港人的集體回憶、每個人心中的一部分。

麥當勞一直努力打造品牌，由此可見，品牌的建立有多重要，甚至比食物質素更重要。

3 推廣活動，累積成功一大元素

麥當勞的品牌並非一朝一夕建立起來，而是透過積極舉辦活動、與其他品牌合作、拍攝引人入勝的廣告，才能取得今天的輝煌成就。

麥當勞曾多次推出換購公仔的活動，例如多年前的換購史諾比公仔（Snoopy）便引來一陣搶購的熱潮，很多人都為了換取公仔而扔掉食物，**他們並非想吃到麥當勞的食物，而是想換取那些可愛公仔**。此外，麥當勞還舉辦了大富翁抽獎活動、換購可樂杯等，都吸引了群眾搶購、換領。

麥當勞的廣告攻勢也是銳不可當。「I'm lovin' it!」是麥當勞在全球通用的標語，車站和標示板上鋪天蓋地的廣告，還有在電視播放廣告及主題曲，都成功讓人知道麥當勞的最新動態。而廣告風格也十分一致，電視廣告通常先以主題音樂引起觀眾的注意力，並讓觀眾知道這是麥當勞的廣告，並展示食物新鮮的形象，再加以旁白說明產品；如是開心樂園餐則以小孩拿着該期贈送的玩具作引入。

而麥當勞的平面廣告則通常以食物照片為主，可以非常精簡和有效地將目標訊息傳達予觀眾。麥當勞亦成功塑造歡樂和喜悅，帶給人輕快感覺。餐廳裝潢和紅黃主色的 Logo 也十分配合。開心樂園餐亦滲入了親情元素，鼓勵一家大小前往麥當勞用餐。

4 本土化，為當地市場花心思

麥當勞雖為美國連鎖快餐店，但對於香港來說它甚至比很多中式餐廳更富有集體回憶。除了品牌推廣外，本土化的成功亦是麥當勞能在全球盛行的一大要素。每個地方的麥當勞都有不同的餐牌、合作活動和優惠。香港的本土化例子有：飯堡、通粉早餐、凍奶茶等，不論這些食物是否成功，麥當勞着重本土化的努力是明顯的。

麥當勞會因應當地人的口味而調整味道和提供的食品，令每個國家的餐牌都與眾不同。例如德國麥當勞會因當地人熱愛啤酒而提供啤酒，意大利麥當勞提供意大利粉，印度麥當勞的食物不含牛肉和豬肉等。各地的麥當勞都有不同的定位和格調，香港麥當勞提供快捷的服務，以配合香港人急促的生活節奏；印度的則針對中產人士才會到麥當勞用餐的心理，推出質素較高的捲餅和漢堡；美國的針對當地人食量較多，推出分量較大的漢堡。因此，麥當勞的特許經營能在世界各地普及，不會受到地區或文化的限制。

現時，麥當勞其中一個未來發展目標就是走向國際。雖然麥當勞於美國的分店數量已被 Subway 超越，但麥當勞於國外仍較享負盛名，它的本土化是比較成功，值得其他打算到國外發展的特許經營品牌借鑑。

不同國家的人會有獨特口味。

5 抗逆能力，從失敗中成長

麥當勞雖然於世界各地都設有分店，業務擴展迅速，但也曾遇上不少問題。麥當勞一直飽受醜聞困擾，例如出售的食物不健康、衛生情況欠佳、員工被刻薄對待等，**但正因多年來的營運非一帆風順，促使它擁有大量抗逆經驗，即使未來面對難題，絕大部分都能順利解決**。麥當勞亦善於尋找解決問題的方案。例如，曾被人批評出售的食物缺乏營養，引致癡肥人口上升；麥當勞隨即推出粟米杯，緩和群眾情緒，並在餐盤上的墊紙寫下食物的營養價值。雖然麥當勞未必能完全解決食物健康的問題，但群眾的視線已被轉移。麥當勞亦被批評食物質素差，走非常低價的路線，而低價的市場也近乎飽和；因此，它推出了新品牌 McCafé，以中高質素的咖啡和糕點作主題，走中高價的路線以吸納上班族。

麥當勞除了內憂還有外患。快餐業於過去半個世紀已接近飽和，更出現大量的競爭者，當中不乏強敵。不過，現時麥當勞豐富的「失敗」經驗是其中一個最重要的資產。

La Kaffa 的成功原因

La Kaffa 本是台灣品牌，於 2010 年引入香港。La Kaffa 並非大型連鎖店，但與普通的咖啡店的格局截然不同。La Kaffa 重視店鋪的環境，着重為顧客提供舒適用餐的體驗，每一家餐廳都有獨特特色和主題，例如北角的以舊火車作為主題。以下我們也會以 La Kaffa 的例子分析其值得學習的地方。

1 定位清晰，脫穎而出

La Kaffa 的定位有別於一般咖啡店。**La Kaffa 不只提供咖啡和基本的糕點，還提供正餐和全日早餐，目的為顧客提供良好的用餐體驗**。它以主題餐廳作為招徠，與其他的咖啡餐廳不同，沒有連鎖咖啡店般一式一樣的裝潢。店內的氣氛以輕鬆為主，環境清幽，店內地方寬敞，並提供免費的 Wi-Fi 和插座，讓客人優閒地享受美食。早前我們已經介紹主題餐廳的好處，傑出的裝潢可增加顧客對食物的印象及興趣，亦讓顧客更願意花費。

La Kaffa 是一家結合咖啡店和提供正餐餐廳的食店，別致裝潢加上全日早餐和創新的菜式，不時為顧客帶來驚喜，而香港主要提供套餐及食品的咖啡店中亦確實不多。雖然現時 La Kaffa 於香港的分店不多，但**清晰的定位和沒有直接競爭的優勢，令 La Kaffa 在眾多咖啡店脫穎而出，在顧客和路人的心中留下深刻的印象**。

咖啡店 X 餐廳的競爭者不多，成功的更少之又少。

2 仔細選擇加盟商，建立長遠合作關係

加盟商須與特許經營商合作無間，才能成功地開創餐廳。他們並非主僕的關係，更非買家賣家關係，**而是長期合作夥伴**。兩者必須互相配合，特許經營商要協助加盟商創業，提供訓練和知識；加盟商要配合特許經營商，不可擅自作決定，無視特許經營商的勸阻，應與特許經營商多溝通。而事實上雙方決定合作之前，必先互相深入了解及仔細選擇。

La Kaffa 知道盲目擴張的壞處，因此他們選定加盟商時，也有一些條件和要求。加盟的店主須具有工作經驗，但不一定是餐飲經驗。具有工作經驗的人較容易理解合約內容，保障自己和公司，以及理解自己的未來動向。開餐廳創業不可以盲目跟風或三分鐘熱度。當然，如店主具管理經驗會更理想。

La Kaffa 的目標是於 60 天內為店主成功打造一家餐廳。這不單是 La Kaffa 一方面的責任，店主也必須盡責、願意學習和謙虛求學。所以，La Kaffa 通常會跟未來的店主面談數次，途中評核店主是否適合開店。特許經營商寧願少一家店，都不要多一家不合標準的店。

La Kaffa 也非常重視統一化和品牌形象的建立，亦有詳盡的 SOP（Standard Operating Procedures）和貫徹始終的品牌理念。前文關於麥當勞的部分已詳述了統一化和建立品牌形象，所以此部分不作重複闡述。

大公司有大公司的做法，小公司亦有小公司的做法，兩者皆可以成功，都有值得學習和參考的地方。接下來，我們將會探究特許經營失敗的例子。

Burger King 於香港和中國的教訓

Burger King 是美國連鎖快餐店，於當地幾乎與麥當勞齊名，並以漢堡和薯圈聞名。可是，Burger King 在香港的發展卻較麥當勞遜色得多，在中國的業務也節節敗退。Burger King 先後 2 次進軍香港，均未能成功。在美國經營成功的連鎖快餐店，為何會在香港和中國慘敗？

1 特許經營商和加盟商營運欠佳

5 間 Burger King 分店於 2015 年末忽然集體結業，令當時 Burger King 的分店只剩下 2 間。那 5 間分店都是屬於同一個加盟商，結業時不但沒有通知員工，更拖欠租金和薪金。其後，該加盟商被勒令清盤。

這不幸故事後卻有着值得我們借鑑的地方。Burger King 售賣的食物質素都不錯，不少人甚至覺得它比麥當勞更美味，它的產品價格比麥當勞高，但價格高並非倒閉的原因，**倒閉的其中一大原因很可能是食物質素不統一**。

不少網上的食評都認為那倒閉了的 5 間 Burger King 並沒有品牌應有的水準，不少用戶紛紛在 Burger King 的 Facebook 專頁貼帖子，投訴食物難吃、不衞生、職員態度欠佳，並附有大量相關圖片。這些帖子累積了很多讚好以表示同感，證明不少顧客確實對 Burger King 的食物失望。反觀在山頂和機場的 2 間 Burger King，負評的確少許多，在 OpenRice 都有不錯的評分。

麥當勞能夠做到統一化，但 Burger King 卻未能做到，因此大量流失客人。加盟商沒有用心做好自己店面的服務和食物，固然是問題所在，但特許經營商亦同樣要負上某程度的責任。好的特許經營商應定期巡視店鋪，確保食物質素理想、穩定，在加盟商出現問題時及時解決，減少對品牌的傷害。

2 不了解香港和中國文化，未能迎合當地市場

2005 年 Burger King 招聘了在麥當勞工作了 12 年的 Peter Tan 為亞太區主席，處理大中華地區和東南亞的業務。可是，這位來自新加坡的主席未能透徹地了解大中華地區的文化和需求，在文化和喜好上，中國、香港、澳門都有很大的分別，即使在中國各省分，也有着天壤之別。因此，以一位主席統領全個亞洲區，會令某些地區受到忽略。結果，Burger King 在中國內地未能打敗已經十分本土化的麥當勞，全因對文化的理解不透徹。**中國人民非常着重群體生活，而麥當勞在中國人的印象已經根深蒂固**，老一輩的人還是會喜歡麥當勞，而不是 Burger King。年輕人雖然想吃 Burger King，但仍會順從長輩的意思。因此，Burger King 打從選定目標顧客這一步已經錯了。在中國，年輕人一般未能夠決定一家人的用餐地點和菜式種類。

再看香港，不少香港人知道 Burger King 的存在，但與麥當勞不同的是，他們並沒有嘗試本土化。當麥當勞努力地尋找香港人喜歡的卡通角色合作時，Burger King 還未能透徹了解港人的習慣，餐牌也未能配合香港人的口味，也缺乏對店鋪的推廣。這些因素令麥當勞的優勢一直佔上風。

兩岸三地有截然不同的文化。

3 社交平台運用不當，未能與客人有效互動

我們於推廣的章節中，已經提及餐廳在社交平台宣傳上需要注意的事項。Burger King 於香港的網址已消失不見，這並不是一個問題，但是在 Facebook 上仍留下不少足跡。Burger King 於 2015 年初還有回應顧客提問，但年末只有帖子而不作回應。那時正是 Burger King 營運的危機，亦是顧客最多投訴的時候，但 Burger King 並沒有處理顧客的情緒，令他們怒氣難消。不少人把食物照片上傳到 Burger King 的 Facebook 的頁面，也有不少人留言希望他們結業。在那 5 間店鋪正式結業前，其實已經看到 Burger King 有放棄的意思，而正因他們放棄了最直接和顧客溝通的渠道，直接加速了自己的滅亡。

形象不可以待到開始變差時才補救。顧客的投訴要及時處理，社交平台的推廣會影響到所有加盟商。特許經營商欠缺推廣、聲譽欠佳，將導致加盟商的營利也會受損。

Hardee's 於香港和台灣的教訓

Hardee's，即哈迪斯，在台灣以哈帝漢堡的名義經營。曾於 90 年代遍布香港各區，但後來逐漸式微，最後於 2006 年正式撤出香港。台灣的哈帝漢堡的遭遇相似，於 1986 年引入台灣，本來經營得成功，在台灣的銷售量也是全球最高，不過，後來業務亦逐漸萎縮，於 1995 年全線撤出台灣。

1 缺乏定位，兩頭不到岸

炸雞是哈迪斯的特色，很多人都很喜歡哈迪斯的炸雞，覺得比更著名的 KFC（肯德基）更好吃、更多汁。哈迪斯亦售賣漢堡，也是麥當勞的競爭者。**哈迪斯把兩種食物視為重點食物，卻導致我們所說的「兩頭不到岸」**，這並不是指食品的味道變差，而是形象不夠鮮明。當時的人並沒有這一代一樣喜歡嘗試新菜式，很多人都會選擇自己較熟悉的 KFC 吃炸雞或到麥當勞吃漢堡，兩者的形象十分清晰，而也因較早進入市場，取得了先聲奪人的優勢。結果夾在中間的哈迪斯並沒有搶到足夠的客源，亦未能改變人們的心態，只能選擇撤出。

宣傳上哈迪斯亦較輸蝕，它沒有麥當勞和 KFC 鋪天蓋地般的廣告，不能在大眾心目中留下深刻的印象，只是令人覺得哈迪斯是 KFC 或麥當勞的第二選擇，未能獨當一面地成為形象清晰的品牌。

2 定價過高，市場未能接受

現在的麥當勞和 KFC 售賣的套餐都是約 $25-$40。可是，10 至 20 年前，哈迪斯的食品已經是在這個價位，與當年其他快餐店還是在 $15-25 的價錢互相競爭。

雖然哈迪斯的食物原料的確比其他兩間優勝，但那個年代的市民還未能接受較高價的快餐。**普遍人都認為快餐店應以便宜為主，味道已是其次。**

此外，哈迪斯的宣傳也不及其他兩間多，亦未能透徹了解香港人的心態和口味，因此定價方面（Price）會較難令港人接受。今時今日消費者對快餐店的要求已經提高，他們亦不介意多付一點。哈迪斯可算是生不逢時，但也可歸咎於市場調查不足，未做好定價。

選擇合適的特許經營商

選擇合適的特許經營商對於加盟商來說是很重要的。好的特許經營商會全方位幫助加盟商開店，從店鋪選址、裝潢設計到後期的人事培訓、營運管理等，特許經營商都會從旁給予加盟商幫助，令加盟商可以輕鬆開店。此外，好的特許經營商能提供一個有名氣和形象良好的品牌供加盟商使用，令加盟商可以借用品牌的名氣吸引更多的客人，提高銷售額。因此加盟商要謹慎地選擇適合的特許經營商。加盟商應留意以下 4 方面：

1 加盟總部的實力

加盟總部實力的強弱和提供給加盟商的幫助有直接的關係，**加盟總部的實力越雄厚，表示加盟商在市場上的競爭力越強，令加盟店能夠從激烈的競爭中突圍而出**。因此加盟商應與實力較強的加盟總部合作。要評定加盟總部的實力，加盟商可以留意加盟總部成立的時間長短、加盟店鋪的數量、加盟店鋪的增長率和市場上對加盟總部的評價等。

· 加盟總部成立的時間越長，代表它越了解行業的發展和趨勢，更能幫助加盟者掌握市場狀況。

· 加盟店鋪的數量越多，代表了加盟總部對特許經營有豐富的經驗，有一套成功而完善的營運流程供加盟者直接使用，降低加盟者營運失敗的機會。

· 加盟店鋪的增長率越高，代表了加盟總部所開的店鋪大多都深受歡迎和表現良好，吸引更多人加盟創業。

· 市場對加盟總部的評價越好，代表了市場看好加盟總部，對加盟總部的營運和開店有一定信心，加盟總部的可信程度較高。

加盟商應根據以上 4 點來評估加盟總部的實力。

2 品牌形象

加盟商應選擇擁有良好品牌形象的特許經營商加盟，**因為品牌形象的好壞會大大影響餐廳的銷售額**。在 2014 年，麥當勞曾被懷疑使用由上海福喜食品有限公司提供的過期原料，導致當時麥當勞的形象受損。客人不敢在麥當勞用餐，令到餐廳的銷售額大跌。幸好麥當勞及時推出一系列補救措施和在媒體上投放大量廣告，才能重新建立良好的品牌形象。**加盟者應事先就品牌形象進行調查**，在網上查看顧客對品牌的評價和有關品牌的報導，以對該品牌有初步的認識。加盟商亦要留意加盟總部會否定期在媒體上刊登廣告和舉行推廣活動，宣傳品牌，以維持品牌的知名度和形象。

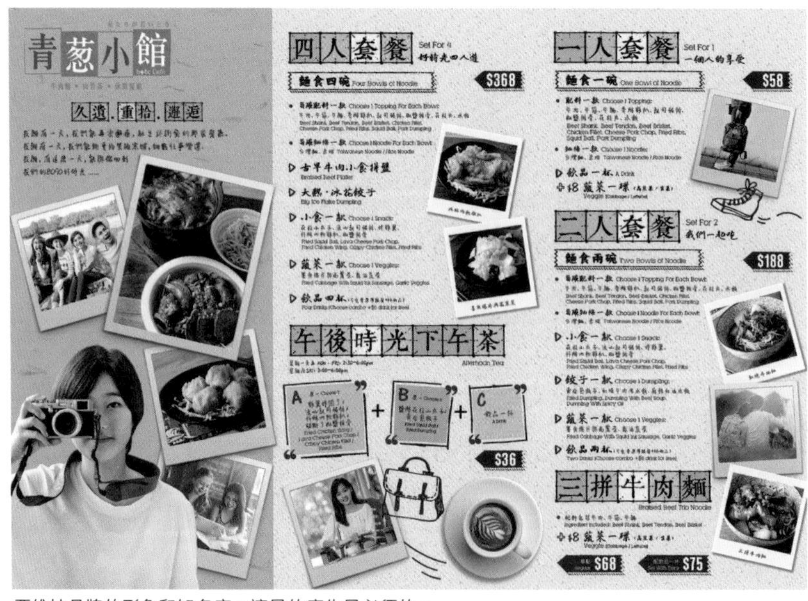

要維持品牌的形象和知名度，適量的廣告是必須的。

3 完善服務

加盟商應考慮加盟總部會否提供完善的開業和售後服務，幫助加盟者一步一步地開餐廳。好的加盟總部會站在加盟商的角度去思考，為加盟商尋求最大的利益，制定出對其最合適的方案。由店鋪選址到餐廳正式營運，加盟總部都會盡力做好每一步，務求令沒有任何餐飲經驗的創業者都能打造一間人氣餐廳。有些加盟總部會在加盟商正式開業後，便不再跟進餐廳的營運狀況，停止提供服務給加盟商，令加盟商無所適從。相反，**好的加盟總部會定期派人到餐廳關心餐廳的營運狀況和幫助加盟者解決他們遇到的問題**。加盟總部亦會通過考察加盟店鋪，了解市場狀況，從而制定出新的市場推廣活動，幫助加盟者提高餐廳營業額。因此，選擇提高完善服務的特許經營商，對加盟者成功開店和提高營業額都有莫大幫助。

4 合理合約

加盟商亦要留意加盟合約的條款，如每年所須繳付的加盟費用、合約期限、加盟總部對加盟商的限制、加盟總部提供的服務內容等，因為任何一項條款都會對加盟商能否經營可長遠發展的人氣餐廳有一定的影響。

加盟商在簽約時，要仔細留意合約中的條款。

加盟費用，平價要留意！

加盟費用很大程度上決定了餐廳的成本，**加盟商應留意特許經營商的收費是否合理，會否有過多的收費項目，令餐廳難以達到收支平衡**。一般來說，加盟費用主要分為 3 個部分，包括加盟金、權利金和保證金。

加盟金是指加盟商使用總部所提供的技術和經驗的費用，通常只須在簽約時繳交 1 次。而在續約的時候，大多數特許經營商都不會要求加盟商再次繳交加盟金。就算要收取多 1 次加盟金，加盟總部也會給予優惠。加盟商在判斷加盟金是否合理時，應考慮總部所提供的技術種類和技術的價值，以及加盟總部所提供的幫助如餐廳設計和裝潢、菜式規劃和研發、設備採購等能節省加盟商的開業成本。

而權利金方面，權利金是指餐廳使用加盟總部品牌的費用，只要餐廳的名稱和招牌跟加盟總部旗下的品牌一樣，餐廳便要支付權利金。加盟商通常要每月或每年定期繳交權利金。加盟商在判斷權利金是否合理時，要考慮品牌的名氣和形象，以及品牌能為餐廳帶來多少額外的營業額。

至於保證金方面，加盟總部會向加盟商收取一筆保證金，以確保加盟商遵循合約條款，以及定期繳交權利金和物料的採購費用。只要加盟商沒有違反任何協定，加盟總部便會在合約完結時退還保證金。

此外，加盟總部有時會向加盟商收取廣告和人事培訓的費用，加盟商要留意合約條款內有沒有清楚列明收費的準則和次數，以免被加盟總部收取過多的費用。

Q A

Q 特許經營有這麼多加盟費用，會否導致最終的成本比自主開餐廳的費用更多？

A 其實以特許經營方式開餐廳和自主開餐廳的成本相近。雖然加盟商要向加盟總部支付各式各樣的費用，但是加盟總部會向加盟商提供實用和專業的經驗，令加盟商在開餐廳的過程中少浪費一些冤枉錢，如租了租金較高的店鋪、選錯供應商、開店步驟出錯等，這些都是新手會犯的錯誤，亦間接令自主開業的人士成本大增。

合約的期限

加盟商亦要重視合約期限和續約條件，**避免因合約期過短，令加盟總部不願續約**，導致餐廳未能回本便要結業，損失慘重。普遍來說，加盟合約的期限會超過 5 年，而且續約要求不會過於苛刻。只要加盟商能夠遵守合約條款和準時繳交權利金等費用，加盟總部通常都會願意與加盟商續約，令加盟商可以長期經營餐廳。

加盟總部對加盟商的限制

加盟總部會在合約中寫明對加盟商的限制，如規定加盟商一定要從加盟總部購買器具和食材，不能自行尋求供應商進貨，加盟商的餐單要依照加盟總部的指示製作，不能自行加入創新菜式，加盟商亦不能自行改變菜式的定價，要和總部的定價統一等。**加盟商要考慮加盟總部所訂立的規定是否合理**，以及加盟總部所提供的食材和器具價格會否比市價高，令成本大大增加，影響營運。

加盟商要留意總部所提供的器具和食材價格是否合理。

加盟總部提供的服務內容

合約條款中要清楚列明加盟總部為加盟商所提供的服務內容，包括開店服務、營運技術和售後服務，避免在簽約後因服務內容而有所爭執。服務內容的詳情可參考上文「3. 完善服務」一節。

加盟總部的研發能力亦是加盟商需要考慮的重要因素。任何菜式都有保鮮期，不可能永遠都受顧客歡迎和暢銷，如果餐廳長時間不更換餐牌或推出創新菜式，顧客始終會有厭倦的一日，而轉投光顧其他餐廳。因此加盟商應選擇一些擁有良好創新能力的加盟總部，使餐廳能夠定期推出新菜式，吸引客人，提高營業額。

加盟商在簽約前可先到其他加盟店鋪考察，調查餐單上的菜式是否創新和具吸引力，而且可詢問店員每隔多少時間更換餐單，以了解加盟總部的研發能力。

30 至 50 歲是創業的黃金期，男女都可以擁有自己的餐飲事業，
作為第二人生。

CHAPTER 12 第十二章

引入來·走出去

創業者容易透過開辦餐廳賺取足夠的生活費，過上豐衣足食的生活。然而要透過餐飲業興家致富，卻殊不容易，當中主要涉及 3 個步驟。

第一步是引進及加盟外國品牌，學習外國餐飲品牌的成功經驗和技術，以及特許經營的方式，並且透過專業人員的指導，減少風險，累積營運經驗。

第二步是建立自家品牌，利用學習得來的寶貴知識打造人氣餐廳和建立鮮明的品牌形象，並透過宣傳及口碑令餐廳及品牌變得更有名氣，更受歡迎。從而開設更多分店，搶佔香港市場。

第三步是衝出國際，通過特許經營方式尋找世界各地的加盟者，為他們提供一套完善的開店服務和營運流程，幫助他們開設餐廳，令餐廳及品牌在國際上更具知名度。

引進外國品牌的秘訣

特許經營在香港越來越普及，很多人都會選擇以特許經營的方式創業，以減低風險和累積經驗。然而香港餐飲特許經營尚未發展成熟，沒有太多本土餐飲品牌可供創業者加盟。創業者如想通過特許經營的方式開餐廳，需要透過以下 2 個方法：

到其他國家考察，發掘潛力品牌

創業者可以親自**到特許經營發達的國家如美國、台灣、新加坡等考察**，參考它們特許經營的模式和成功經驗，並到處發掘有潛力的品牌，將品牌帶回香港。現時在香港擴展迅速的 La Kaffa 咖啡店便是由 Food Channels 華空間餐飲策劃從台灣帶來香港。Food Channels 本來對 La Kaffa 這個品牌沒有太多認知，在一次台灣考察當中，Food Channels 了解到該品牌的理念、營運方式、產品、加盟流程等資訊，從而發現品牌的潛力和商機，繼而和 La Kaffa 總部商討加盟和代理事項，及後在香港開設分店。現時香港已經開設多達 6 間 La Kaffa 咖啡店，而且其店鋪鮮明的主題設計和精美菜式亦深受客人歡迎。

Food Channels 團隊親自到台灣 La Kaffa 總部考察，並將品牌帶回香港。

Food Channels 團隊累積足夠經驗後，打造自家人氣品牌 New York Diner。

2 參加加盟展覽，與行家專家互相交流

香港貿易發展局**每年 12 月都會舉辦香港國際特許經營展和國際中小企博覽**，提供平台給特許經營商和加盟商互相交流，發展商機。在 2015 年的展覽中，多達 438 家來自 33 個不同國家的參展商參展，為創業者提供各式各樣的創業經驗和加盟商機。創業者可以在展覽中找到合適的特許經營商，從而發展自己的事業。展覽的特許商主要可分為 3 個行業，分別是餐飲業、零售業和服務業。對於想開餐廳的創業者來說，香港貿易發展局所舉行的展覽提供機會給他們與外國餐廳品牌接觸，並商討加盟事項，將有潛力的品牌引入香港。此外，**該展覽還設有論壇和研討會，由各行業的專家向各位創業者介紹行業趨勢和特許經營的商機**，幫助創業者對特許經營和各行業狀況有更深入的認識。

行內人 Tips：

對展覽有興趣的創業者，可以到香港貿易發展局的網址了解更多詳情：

www.hktdc.com/fair/hkifs-tc

香港貿易發展局一直大力推動特許經營的業務，如對特許經營或加盟有興趣的人士可以前往香港貿易發展局的網站查詢：

www.hktdc.com

香港國際特許經營展提供富有商機的平台，供創業者一展所長。（圖片來源：香港貿易發展局）

除了在香港舉行展覽外，在其他特許經營發達的國家如韓國、日本、美國、新加坡等都會定期舉辦特許經營展覽，讓創業者得到無限商機。有意透過特許經營而開餐廳的創業者可以到其他國家考察，**參加各國的加盟展覽，了解更多外國品牌和特許經營的資料**。

如想了解更多外國加盟展的資訊和舉行日期，可到以下網站查詢：

http://www.hktdc.com/fair/worldsmeexpo-en/

創業者亦可到外地參加加盟展，了解更多關於特許經營的資訊。（圖片來源：香港貿易發展局）

突圍而出・賺取第一桶金

在香港，外國連鎖餐飲品牌如麥當勞、Pizza Hut、KFC 等都成功從外國進駐香港，並在香港扎根，搶佔香港餐飲市場。然而香港的本土餐飲品牌卻很少能成功衝出香港，或在世界各地開設分店。其中最主要的原因是因為**香港餐飲特許經營尚在發展階段，本土餐飲品牌並未能制定一套完善的加盟系統**，讓世界各地的加盟者成功加盟，將香港飲食文化帶到全球。要成功令品牌衝出香港，需要留意以下 2 個重點：

完善的加盟系統

外國連鎖餐飲品牌在各國獲得巨大成功，除了因為**品牌形象良好**外，**完善的加盟系統**亦是成功的重要因素。加盟系統越完善，代表品牌在特許經營方面越有經驗，越能給予加盟者信心。此外，完善的加盟系統亦幫助加盟者更輕易開設餐廳，減少加盟者創業的麻煩和風險，吸引更多創業者加盟品牌，發展自己的事業。

要訂定完善的加盟系統，餐飲公司除了可以參加各種加盟展覽，了解外國連鎖品牌的成功之道外，亦可透過**親身加盟其中一個著名餐飲品牌**，逐步體驗加盟總部所提供的服務和流程，對加盟系統有更深刻的理解和體會。之後，餐飲公司便可透過參考和改良外國品牌的加盟系統，打造一套完善而符合公司理念的加盟系統，吸引更多加盟商加盟。

中國市場

餐廳在走向國際前，可先考慮**走入中國龐大的餐飲市場**。因為內地人和香港人的口味相近，而且香港的美食亦在內地享負盛名，令香港餐廳能夠較輕易在內地打響名堂和扎根，為餐廳國際化奠定基礎。不少外國餐廳進入中國市場時，都會以香港作為起點，以了解中國市場狀況和中國人的口味，增加餐廳進軍內地市場的成功率。例如味千拉麵和吉野家便是透過研究香港人的口味，**將產品本土化**，迎合香港人和內地人的喜好，並成功以香港作為跳板，以特許經營的方式進入中國市場，大獲成功及好評。只要香港本土餐廳的食物味道能夠符合香港人的口味，便能在打入中國市場時佔有一定的優勢，在中國市場站穩陣腳。

中國市場龐大，蘊藏無限商機。

把握一帶一路的機遇，將餐廳衝出國際。

行內人 Tips：

由於政府未來着重「一帶一路」發展，大家不妨多留意「一帶一路」的國家（包括西亞、東南亞、北非、東歐，以至中歐的一些發展中國家）的經濟發展情況、政府給予的協助、其他餐廳到「一帶一路」國家發展的經歷等等，再決定是否將品牌帶到那些國家。

60天
打造人氣主題餐廳

作者： 李家聲
編輯： 藍天圖書編輯組
編審： 何曉彤、張秋霞
設計： 劉武雄（封面）
設計： 4res（內頁）

出版： 紅出版（藍天圖書）
地址：香港灣仔道 133 號卓凌中心 11 樓
出版計劃查詢電話：(852) 2540 7517
電郵：editor@red-publish.com
網址：http://www.red-publish.com

香港總經銷： 香港聯合書刊物流有限公司
台灣總經銷： 貿騰發賣股份有限公司
地址：新北市中和區中正路 880 號 14 樓
電話：(886) 2-8227-5988
網址：http://www.namode.com

出版日期： 2017 年 7 月
圖書分類： 商業／餐廳管理／特許經營
ISBN： 978-988-8437-12-2
定價： 港幣 120 元正／新台幣 480 元正